国家出版基金项目
NATIONAL PUBLICATION FOUNDATION

U0209185

中國印刷術源流史

[美]卡德◎著
劉麟生◎譯

山西人民出版社
山西出版傳媒集團

圖書在版編目(CIP)數據

中國印刷術源流史 / [美] 卡德著 ; 劉麟生譯. —太原 : 山西人民出版社, 2015.9
(近代海外漢學名著叢刊 / 鄭培凱主編)
ISBN 978-7-203-09241-4

Ⅰ. ①中… Ⅱ. ①卡… ②劉… Ⅲ. ①印刷史－中國 Ⅳ. ①TS8-092

中國版本圖書館CIP數據核字(2015)第207960號

中國印刷術源流史

叢刊主編 鄭培凱
著　　者 [美]卡德
譯　　者 劉麟生
責任編輯 崔人杰

出 版 者 山西出版傳媒集團·山西人民出版社
地　　址 太原市建設南路21號
郵　　編 030012
發行營銷 0351-4922220　4955996　4956039
　　　　 0351-4922127(傳真)
天貓官網 http://sxrmcbs.tmall.com　0351-4922159(電話)
E-mail sxskcb@163.com　發行部
　　　　 sxskcb@126.com　總編室
網　　址 www.sxskcb.com

經 銷 者 山西出版傳媒集團·山西人民出版社
承 印 廠 山西出版傳媒集團·山西人民印刷有限責任公司

開　　本 700mm×970mm　1/16
印　　張 14.5
字　　數 112千字
印　　數 1—2000冊
版　　次 2015年9月　第1版
印　　次 2015年9月　第1次印刷
書　　號 ISBN 978-7-203-09241-4
定　　價 44.00圓

近代海外漢學名著叢刊編委會名單

出版説明／

近代海外漢學名著叢刊選取一九四九年以後未再刊行之近代海外漢學作品，編例如次：

一、本叢書遴選之作品在相關學術領域具有一定的代表性，在學術研究方嚮、方法上獨具特色。

二、爲避免重新排印時出錯，本叢書原本原貌影印出版。影印之底本皆經專家組審定，原書字體大小、排版格式均未做大的改變。

三、爲使叢書體例一致，本叢書前言、後記均采用繁體字排版。

四、個別頁碼較少的版本，爲方便裝幀和閱讀，進行了合訂。

五、少數作品有個別破損之處，編者以不改變版本内容爲前提，部分進行修補，難以修復之處保留缺損原狀。

六、原版書中個別錯訛之處，皆照原樣影印，未做修改。

由於叢書規模較大，不足之處，在所難免，殷切期待方家指正。

總序／温故而知新

晚清以來，西力東漸，西方文化思想的著作也大量譯成中文，最著名的如嚴復與林紓的譯著，影響了整個二十世紀中國的知識界與文學界，使得中國文化的思維脈絡爲之丕變。除了西方思想經典、文學與實證科學著作的翻譯，以實證方法系統化探討中國文史的域外漢學，也對中國學術思想界産生了莫大衝擊，改變了中國學術的著述方法與取嚮。

中國傳統的知識結構，是按經史子集四庫分類的，以儒家意識形態的經學爲文化知識的砥柱，以史學爲貫串歷史經驗的殷鑒，至於子部與集部，則是作爲保存文獻、擴大知識面的附帶知識，可以耽情冥想，可以悠遊玩賞，却都是邊緣化的知識，無關聖教的弘揚，無關文化精髓的宏旨。西方文藝復興之後的現代學術體系，在知識分類上，與中國傳統大相徑庭，講究系統分科，不同知識領域各有其客觀存在的價值，有其相對獨立的目的與標準。日本知識界在明治維新以來，鑒於東方文明落後於西方的船堅炮利，率先效法西方，在追求「文明開化」、「脱亞入歐」的過程中，爲日本學術發展循着現代西方的體例，建立了哲學、文學、歷史學、經濟學、法學、商學、物理學、化學、地質學、醫學、農學、工程學、植物學、動物學等等新型學科，企圖與西方學術齊頭並進，從而影響了中國近代學術體系的發展。

本叢刊選印二十世紀上半葉出版的漢學譯著近百冊，分爲三大類：「歷史文化與社會經濟」、「古典文獻與語言文字」、「中外交通與邊疆史」，反映民國時期學術界重視西方及日本漢學研究的成果，藉助他山之石，重新審視中國傳統歷史文化的意義，特别是開拓了傳統學術忽略的領域。五四新文化運動以來，中國學者如蔡元培、胡適都提倡「整理國故」，以理性實證的方法，對中國文化傳統做出系統化的研究，是與這些漢學譯著相輔相成的。這些譯著除了介紹域外漢學的成果，還引進了嶄新的學術研究方法與視角，有助於梳理中國文化傳統的脈絡，重新整合知識結構與學術體系。雖然這些學術著作不是中國學者的成就，無法納入二十世紀中國文史學術的主脈，但是從中文譯本的影響而言，起碼也應當視爲中國近代學術發展的支脈或潛流，不容忽視。可惜的是，到了二十世紀下半葉，因爲兩岸政治形勢的變化，這些漢學譯著，除了部分因王雲五重新入主臺灣商務印書館，而得以在臺灣做了少量的重印，在大陸的出版界，則完全受到遺忘，甚至在許多新成立的大學圖書館中也不見踪影。我們搜集了近百冊塵封的漢學譯著，呈現給二十一世紀的中國學術界，一方面是爲了銘記前人爲推展學術而做出的努力，另一方面也是爲了提醒新常態時期的學人，學術發展有其歷史累積的脈絡，可以從中汲取歷史經驗，温故而知新。

說到「温故知新」與這批早期漢學譯著的關係，可以從兩個方面來思考，以見翻譯域外漢學如何反映了時代精神，爲融匯東西方學術思維，重新闡釋中國文化傳承，做出不可磨滅的貢獻。一是域外漢學的研究對象，以中國歷史文化典籍爲主，屬於中西文化碰撞期間興起的「國學」範疇，與五四新文化人物提倡的「整理國故」運動若合符節。研究中國歷史文化，並賦予新的學術意義，是清末民初知識精英念兹在兹的心結。歷史發展走到一個環節，時代的狂風揚起了批判傳統的大旗，風中的英雄幫着推波助瀾，却又無時或忘自己民族文化主體的未來，糾纏於「傳統」能否「現代」的困境。域外漢學的出現，以西方實證方法研究中國歷史文化傳統，綜合東西方各種語言文字材料，擴大了研究國學的眼界，即使無法打開中國文化傳統是否走到盡頭的心結，至少是提供了一個解惑的方嚮，在大霧彌漫的夜晚，看到了依稀渺茫的星光。

二是翻譯域外漢學，有一種以子之矛攻子之盾的吊詭作用，逐漸化解了中國文化思維中的自大心理與封閉心態，讓唯我獨尊的國粹基本教義派解除武裝到牙齒的盔甲，轉而吸收並接受西方實證研究的學風。民國期間新式教育制度的推行、學術體系的變化、大學學術專業的創建，具體到北京大學國學門的成立，中央研究院規劃歷史、語言、考古的研究領域，都與翻譯域外漢學背後的旨意是息息相關的。因此，重新閲覽這批民國期間的漢學譯著，對二十一世紀的現代學人來説，温故而知新，不但可以窺知民國學人追求新知的心理狀態，也會刺激吾人反思，認真思考學術研究方法與中國學術發展的前景，更進一步，探索文化傳統的重新闡釋與新知介入的關係。知識體系的變化當然與傳統的重新闡釋有關，是外爍的影響大呢，還是內因變化的成分居多？

論語·爲政記載孔子説：「温故而知新，可以爲師矣。」歷代解經，對這個「爲師」的道理，有兩種相近似但又取嚮不同的解釋。朱熹四書集注説：「故者，舊所聞。新者，今所得。言學能時習舊聞而每有新得，則所學在我而其應不窮，故可以爲人師。若夫記問之學，則無得於心而所知有限，故學記譏其不足以爲人師，正與此意互相發也。」雖然朱熹把知識分爲「舊所聞」與「新所得」，强調的却是「學而時習之」，從中生發新的心得，也就是從詮釋舊典中得到新知。這個説法與朱熹在鵝湖之會以後，作詩唱和，寫給陸九淵的詩句，「舊學商量加邃密，新知涵養轉深沉」，异曲同工，是一個意思，萬變不離其宗，舊學與新知是同一個脈絡的知識學理。

然而，有些朱熹之前的經學家，解釋「温故知新」，却有不同的取嚮。皇侃論語義疏就説：「故，謂所學已得之事也。所學已得者則温尋之不使忘失，此是月無忘其所能也。新，謂即時所學新得者也。知新，謂日知其所亡也。若學能日知所亡，月無忘所能，此乃可爲人師也。」皇侃明確説到，「故」指的是過去所學的知識，而「新」則指的是新近學到的知識，新舊結合，相互發明，就可以「爲人師」了。邢昺論語注疏循着皇侃的思路，也説：「言舊所學得者，温尋使不忘，是温故也。素所未知，學使知之，是知新也。既温尋故者，又知新者，則可以爲人師也。」這裏講的「素所未知」，就不衹是研讀舊學，有了新的體會，從過去的傳統中發展出的「新知」，而是從來没聽過、没想過的新學問了。這種「素所未知」的新學問，結合「舊所聞」，對習以爲常的知識框架，就會産生巨大的衝擊，而出現飛躍性的結構變化。知識内容或許大體沿襲傳統，知識結構却得以重新整合，出現嶄新的認知系統，重新審視自己文化傳統的意義，打開文化傳承的新局面。二十世紀上半葉的漢學譯作，就發揮了這樣的作用，促使中國學者放棄自我中心的文化態度，從各種不同側面，探知中國歷史文化的光譜，以域外（或是全球）的角度觀測中國傳統，摇動了文化的萬花筒，看到七彩繽紛的中國。

嚴復在甲午戰争之後，改良變法思想風起雲涌之時，開始大量翻譯西方思想經典著作，是有感於國人（特别是傳統文化孕育的知識精英）思維系統封閉，企圖介紹實證新知，引進邏輯思維的方法，以破除儒學之道「一以貫之」與「放之四海而皆準」的虚妄。他翻譯天演論，在序文中提到，有人歸納東西方學術思想，認爲中國文化重精神，是形而上之學，立意高超，而西方文化重物質，是形而下之學，衹追求功利的回報。他認爲，這種自以爲是的蒙昧態度，陷入傳統舊學的框囿而不自知，没有自我反思的能力，無法吸收「素所未知」的新知識，也就無法開展並弘揚自己的文化傳統。嚴復非常清楚他翻譯西方經典的目的，是爲了介紹新知，打破中國傳統思維的封閉性，但是，作爲披荆斬棘的拓荒人，他深知思想封閉者的頑固心理，必須因勢利導，以免遭到盲目衛道之士的攻訐。嚴復有其防身的策略，不會像許褚戰馬超那樣赤膊上陣，而是以桐城文章譯述赫胥黎、斯賓塞、穆勒、亞當·斯密、孟德斯鳩，博得晚清知識精英的贊許，文章深閎而傳入了新知義理。從文化變遷的角度而言，通過翻譯，以迂迴戰術來介紹西方思想，得到巨大的成功，産生了改變傳統思維體系的實效，是中國近代思想史上影響深遠的大事。以此類推，民國時期大量翻譯域外漢學的影響，也是不容忽視的思想史課題。

關於清末民初西方學術思維衝擊中國知識精英，顛覆傳統文化的知識結構，錢穆在現代中國學術論衡的序言中，從中國文化本位的立場，發出深刻的感慨，做了籠統的批評：「文化異，斯學術亦异。中國重和合，西方重分別。民國以來，中國學術界分門別類，務爲專家，與中國傳統通人通儒之學大相違异。循至返讀古籍，格不相入。此其影響將來學術之發展實大，不可不加以討論。」錢穆所指出的問題，是傳統知識體系强調「通」，文史哲不分家，最崇尚通儒，而現代學術講究專業分科，各司其職，以至於讀不通古籍呈現的整體性知識思維。姚名達在撰寫中國目録學史的時候，對西力東漸，西潮帶來的翻譯著作及新知新學，也有類似的感慨：「四部分類法，不合時代也，不僅現代爲然。自道光、咸豐允許西人入國通商傳教以來，繼以派生留學外國，於是東西洋洋籍逐年增多。學問翻新，迴出舊學之外。目録學界之思想不免爲之震蕩。」這種對學術體系發生重大變化的觀察，反映了中國學人從晚清一直到民國，夾在東西方兩種不同思維體系的衝突中，身歷其境的切身感受，因此感觸良多。

二十世紀上半葉最能代表中國學術的通儒是王國維與陳寅恪，他們浸潤了經史子集的四部知識傳統，承繼乾嘉篤實的考據學風，却都經過西洋邏輯思維與實證科學的洗禮，參與中國知識結構的轉型。對西方現代知識結構如何在中國生根發芽，不但再三致意，并且以自己的學術實踐來努力促成。王國維早在一九〇二年就寫信給張之洞，反對把經學列爲大學分科之首，而主張效法西方與日本的大學，設立哲學科，明確指出知識結構的分類不可因循傳統，而必須另起爐竈。陳寅恪在一九二五年就清華大學建制的問題，寫了吾國學術之現狀及清華之職責，指出大學的職責在於學術之獨立，而中國學術界的情況令人十分不滿，必須認真效法西方學術的體制及實踐。他說：「蓋今世治學以世界爲範圍，重在知彼，絕非閉門造車者比。」這兩位國學大師，對西方與日本的漢學研究十分注意，都是以開放態度對待域外漢學研究，集思廣益，以成其大家。

再回到「温故知新」的歷代經解，説説文化傳承的闡釋學意義。劉寶楠在論語正義中指出，上古之時，文化知識是上層統治精英的家學，不再治理實際政事的長者可以傳遞德行的知識，可以爲人師。「温故而知新」，就顯示長者不忘舊時所學，且能吸收新知，繼承并發揚這種學術與政治合一的傳統。到了孔子之時，時代出現了變化，士大夫不見得能够謹守家法，弘揚德行，也不一定能够「爲師」了。孔子之後，世變日亟，「道術爲天下裂」，文化知識不再爲少數統治精英所壟斷，也不必然與治理政事有關，學術在民間百花齊放，百家争鳴。但是，學術知識發展的脈絡基本未變，仍然是要温故知新，進德修業。從劉寶楠不經意的闡釋中，可以看到時代變遷影響了學術文化的內容，改變了知識結構的體系，但其內在發展的理路仍舊，還是需要舊學與新知的融合，才能有所發展。

劉寶楠還引述了劉逢禄的解釋：「故，古也。六經皆述古昔、稱先王者也。知新，謂通其大義，以斟酌後世之製作，漢初經師皆是也。」劉寶楠贊成這個説法，並指出，漢唐人解釋「知新」，大多數都沿用此意。也就是説，舊學是傳統的知識結構體系，新知是時代變化出現的新知識，必須相互斟酌，才能發揮得宜。至於如何對舊學「通其大義」，就見仁見智，各有説法了。從這個通達的詮釋來討論近代西學東漸的情況，我們可以看到，「温故而知新」在民國學人的心底，是産生「傳統」與「現代」糾葛的心理陷阱，不易跨越。若依照朱熹的説法，「學能時習舊聞而每有新得，則所學在我而其應不窮」，雖然在哲理上可以模模糊糊説通，但在清末民初的具體歷史環節，西學的新知屬於完全不同的知識體系，在原有的舊學脈絡中，根本無從立足，如何「其應不窮」?·所以，真要放之四海而皆準，提升「温故而知新」的普世意義，以理解域外漢學譯著與近代學術知識體系變遷的文化史意義，我們認爲，皇侃、邢昺，一直到劉寶楠的闡釋，是比較合適，並與現代文化闡釋學的説法相近。

伽達默爾（Hans-Georg Gadamer）在他的名著真理與方法中，説到認知理性與文化傳統的關係，特别指出，人們通過理性，來判斷歷史文化中事實的真相，但是人的理性與生存環境息息相關，與傳統所衍生的豐富文化底藴有關，不可能完全超越文化傳統的思維脈絡。他認爲，人生活在文化傳統之中，就不可能「遺世獨立」，以全能超越的抽象思辨來認識傳統，甚至是批判或顛覆傳統。傳統是歷史文化延續與傳承的表徵，不會一成不變，而我們的認知理性也會因時代變遷，而不斷重新詮釋傳統。伽達默爾的闡釋學以西方文化傳統爲例，説明新知如何納入傳統，而使文化傳統生機不斷，生生不息，與中國歷代經學家的説法（朱熹除外），有异曲同工之效。以此觀照民國時期的漢學譯著，我們認爲，這批學術新知傳入中國，對中國文化傳統的繁衍與發展，實有承先啓後之功。

近代海外漢學名著叢刊的出版，最值得感謝的是南兆旭先生二十多年來搜羅的執着與努力。雖然這套叢刊不能窮盡民國時期的漢學譯著，但是，能滙集上百册自一九四九年以來在國内不曾重印的學術著作，再度公之於世，總是功不唐捐的大功德。忝爲本叢刊的主編，我面對這批民國學術材料，先是感到紛雜無章，有些原作者的學術素養也難副當前的學術標準，甚爲猶豫。後轉念一想，這是上個世紀中國最紛亂時期的學術記録，也是民生凋敝，國勢隤危，内亂外患交加之際，仍有許多學者孜孜矻矻，戮力翻譯域外漢學，爲中國學術的傳承拓展新知的坦途，不禁肅然起敬，開始用心整理分類。掛一漏萬，在所難免，好在有學殖豐贍的諍友擔任分卷主編，並撰寫各分卷前言，實在是衷心銘感。有傅杰教授負責「歷史文化與社會經濟」、戴燕教授負責「古典文獻與語言文字」、霍巍教授負責「中外交通與邊疆史」，吾道不孤矣。在整理編輯過程中，周威先生費心最多，也是我要衷心感謝的。

道術之存亡，全在人心之嚮背。這批民國漢學譯著重新問世，對我們生長在承平之世的學人，應當有激勵的作用，爲學術研究多盡份力，讓中國學術發展更上一層樓。

鄭培凱

二〇一五年七月

前言

一九四九年，身在美國的鄧嗣禹在遠東季刊發表近五十年中國歷史編纂學，總結半個世紀以來中國歷史編纂學從保守走嚮開放，「先是受日本，然後是英國、美國、法國，最後是蘇聯等影響」，既擴大了史料的範圍，又應用了科學的方法，把重點從帝國的政治事件轉移到社會經濟方面，終於「取得了巨大的進步」。鄭培凱教授主編的近代海外漢學名著叢刊，正是鄧氏提及的各國影響中的一部分——甚至堪稱是主要的部分。

本分卷主要包括兩大類：一是歷史文化，包括渡邊秀方中國哲學史概論、三浦藤作中國倫理學史、津田左右吉儒道兩家關係論、服部宇之吉儒教與現代思潮、五來欣造儒教政治哲學、濱田耕作東亞文化之黎明、梅原末治中國青銅器時代考、新城新藏中國上古天文、卡特中國印刷術源流史等；二是社會經濟，包括沙發諾夫中國社會發展史、駒井和愛等中國歷代社會研究、柯金中國古代社會、森谷克己中國社會經濟史、田崎仁義中國古代經濟思想及制度、卜凱中國農家經濟、馬札亞爾中國農村經濟研究、克拉米息夫中國西北部之經濟狀況、高林士中國礦業論、長野朗中國資本主義發達史等（以上作者譯名一仍所收各譯本）。這些著作引入中國的背景與影響，培凱教授的總序已經作了高屋建瓴、提綱挈領的論述。這裏衹就著作、作者、譯者三端分別舉例，略作一些補充説明。

先説著作。包括本輯在内，本叢書所選入的日本學者論著佔據了多數。曾有西方的東方學家概括日本學術實爲三餘：文學竊中國之緒餘、佛學竊印度之緒餘、各科學竊歐洲之緒餘。其言雖刻薄，却一針見血。但也正因善於嫁接，所以在用西方研究模式梳理中國歷史傳統方面，日本學者往往最具搶佔先機的便利，他們的著作也成爲當時的中國最多引進與借鑒的對象。例如梅原末治藉助於西方科學方法來分析中國青銅器的器形、成分，進而推論其時代的中國青銅器時代考在半個世紀中産生了廣泛的影響，如歷史學家吕思勉在先秦史中就引用過他對殷商時代青銅器的分析，考古學家黄展岳在關於中國開始冶鐵和使用鐵器的問題中則對他殷代已知用鐵的觀點提出駁正。卡特的名著出版至今九十年，仍然是時常被引用的經典，除早期的節譯本，一九五七年北京出版了吴澤炎譯的中國印刷術的發明和它的西傳，一九六八年臺北出版了胡克希譯的經傅路德修訂的卡特著作新版中國印刷術的發明及其西傳。其書既出，哲學大師杜威也給以好評，桑原騭藏、鄧嗣禹發表了長篇書評。直至本世紀芮哲非的新著谷騰堡在上海：中國印刷資本業的發展（一八七六—一九三七），還指出正是卡特著作的出版，因其表彰中國印刷術的悠久歷史和對世界印刷史的巨大貢獻，迅速影響了一批中國學者，進而影響了近代以來的中國印刷史書寫。其實，受影響的還不止是印刷術與中西交流史的學者。以夢溪筆談校證而蜚聲中外的當代夢溪筆談研究第一人胡道静回憶，正是從卡特的書中，他才知道夢溪筆談：

> 卡特的書説明了史料的來源，還特别夸譽了夢溪筆談這部著作，説它這好那好。於是我這個當時對古籍衹讀先秦、兩漢之書的小伙子就迫不及待地去找這本沈括的名著來閲讀了。（夢溪筆談校證五十年）

至於沙發諾夫、柯金、馬札亞爾等用唯物史觀來研究中國社會經濟史的論著，在蘇聯和中國都引發過爭議，而在當時就有學者指出，陶希聖等人對魏晋時期中國社會性質的看法，即深受沙發諾夫中國社會發展史的影響。

次説作者。各書作者背景各异，身份不一，研究中國的目的也頗有差距。其中既有津田左右吉這樣的學術大師，更不乏各學科中的權威名家，而且不少跟中國還有密切的聯繫。如濱田耕作與梅原末治師徒都在中國從事考古多年，不僅以自己寫下的著作、也以自己參與的活動，影響了中國考古學的發展，甚至用自己的工作給中國考古學家樹立了榜樣。早在一九二六年，北京大學國學門的考古協會與日本東亞考古協會成立東方考古協會，被譽爲日本考古學之父的濱田耕作就參與其事，一九二九年他又與高足梅原末治再赴北京演講，爲正起步的中國現代考古學注入了新的信息。其後梅原又在上海、天津、河南等地調查文物古迹。撰中國上古天文的天文學家新城新藏在二十世紀三十年代出任過上海自然科學研究所所長。撰中國農家經濟的美國學者卜凱從康奈爾大學農學院畢業後，次年即來安徽宿州，以傳教士的身份從事農村的改良試驗與推廣，在中國致力農業經濟學的教學與調查幾三十年。同樣是以傳教士身份在安徽宿州從事教育與宗教活動長達十二年的還有美國學者卡特——而他一生祇活了四十三歲。在離開中國後他一直從事中國學術的研究，在伯希和指導下研究中國印刷術的發明與西傳，傾注了滿腔的熱情，用盡了全部的心力，終以勤勞過度，在該書出版的當年與世長辭。

末説譯者。當年就有學者感慨，外國的漢學著作可資參證者甚夥，但譯著的數量與質量總體而言殊不令人樂觀，通西文者多鄙棄漢學，治國學者又忽視西文。從事者的學養並不都足以勝任這類專門著作的翻譯，因此有的譯文比較粗糙，但就已有的成績來看，仍有可稱道者。一是有的著作不止出版了一個譯本，如濱田耕作東亞文化之黎明、馬札亞爾中國農村經濟研究等時隔不久就出版了不同的譯本；有的甚至同一年中就出版了兩個譯本，如森谷克己中國社會經濟史在一九三六年既由中華書局出版了孫懷仁的譯本，又由商務印書館出版了陳昌蔚的譯本。二是譯者之中不乏後來的著名學者。如高林士中國礦業論的譯者是曾擔任北京水利水電學院院長多年、爲中國水利事業做出了卓越貢獻的中國科學院院士汪胡楨。在年過九旬之後寫的自述中，他還憶及當年由丁文江介紹認識了中國礦業論的作者、並受作者之托翻譯該書的經過。而梅原末治中國青銅器時代考的譯者則是舉世公認的甲骨學與殷商史權威胡厚宣，身爲中央研究院歷史語言研究所的研究人員，他正是在參與殷墟發掘之際譯出梅原末治的著作的。

世事沉浮，風雲變幻，這些昔日的譯著有的還在被學者屢屢提及，有的則塵封甚久，不再被人記得。如今輯而再印，使之重見天日，是既富於現實意義，也富於歷史意義的。現實意義在於這些譯著中的若干材料仍可供今天的讀者取資，若干見解仍可給今天的讀者啓示；歷史意義在於這些譯著中的部分雖然陳舊過時，無論材料還是觀點都被證明千瘡百孔，但它們在中國現代學術史的建立與發展進程中都曾經多多少少起過作用——因此它們不再僅僅是外國漢學史的組成部分，實際上也已經成爲中國學術史的組成部分，是我們不能輕忽，更不能遺忘的。

傅　杰

二〇一五年七月

作者簡介

著者

卡德（Thomas Francis Carter，一八八二年—一九二五年），又譯為卡忒、賈德，美國學者和傳教士。一九〇四年畢業於普林斯頓大學，獲學士學位，後於一九一〇年深造於紐約協和神學院，成爲神職人員，並於同年與神職人員Rev. Ole Olsen之女Dagny Oslen結婚。婚後，卡德携夫人來到中國，在安徽宿州從事教育和宗教活動長達十二年，其間與同在當地的賽珍珠結爲至交。一九二三年，卡德受哥倫比亞大學之邀，從歐洲返回美國，擔任該校中國語言系主任、教授。

譯者

劉麟生（一八九四年—一九八〇年），字宣閣，筆名春痕，安徽省無爲縣人。早年畢業於上海聖約翰大學政治系，曾任商務印書館、中華書局編輯。一九二七年任南京金陵女子文理學院教授。著有中國文學史。該書以時代爲經、以文學的種類爲緯，詳述了中國歷代作品情況。一九三六年出版的劉麟生中國駢文史，是古代駢文史研究的開拓性作品，具有很高的學術地位。

作者卡德小傳

——生於一八八二年十月二十六日卒於一九二五年八月六日——

一九二一年春間，中國又遇災荒散賑之事，需人孔殷，卡德(Thomas Francis Carter)仍依曩例，應召而往。茲所以紀此者，則以此行中有一段故事，足資談助耳。

卡德氏乘火車往山東，途中無事，則以讀書爲消遣。氏所讀之書，爲克倫涅爾(W. J. Clennell)所著之中國宗教發達史(The Historical Development of Religion in China)，誦讀之際，忽有所動於心，以爲中國四大發明（譯者按此指造紙、印刷術、火藥及指南針）世界人士所知幾何，殊有研究之價值，此即中國印刷術源流史(The Invention of Printing in China and Its Spread Westward）中緒論所由來也。

荒賑辦理竣事，卡德仍返故居辦學，彼從事於此，蓋已八年，惟車中讀書之感想，仍往來於懷中，因此而求知之慾亦愈熾。一九二二年之春，仍襄助工賑，當時中國費鉅萬之款，築三百哩之公路，以工代賑。卡德固躬與其事，事畢歸來，乃埋頭著作，以研究中國印刷術發明之經過。

卡德世界觀念，殆與有生以俱來。其母多德（Hettie Dodd）生於土耳其之薩隆尼加（Salonika）故十歲以前，即擅四種語言；從其父母習英文，從其保姆習希臘語，入學習法文，至土耳其語，則當地所應用，自更不可少。多德卒業於美國和略克山大學（Mount Holyoke College），於一八七四年嫁與卡德牧師（Thomas Carter）生四子，本書著者，即其季也。

卡德生於新澤西州（New Jersey）之蓬呑城（Boonton），當時四方賓客，輻輳於其門。蓋其父喜壯遊，其祖父經營出版事業，又致力於宗教與善舉，紐約人士，在十九世紀末年，殆無不知其名者。卡德先世爲蘇格蘭人，賦性率剛毅不阿。卡德之敬慕先德，實本於其祖父之遺教。其外祖及其舅父姨母，常由土耳其寄書於其家，皆足影響於卡德之後來生活。多德博士（卡德之舅）及其妹在土耳其時，頗欣賞土耳其人之文化遺產，書札中頗拳拳於此，故卡德幼時，即知愛慕遠方之文化，其所受印象深矣。

一九〇六年，卡德第一次來中國，（光緒三十二年）時彼離開勃林司登大學（Princeton），亦僅二年，與同學三人，爲觀光世界之舉。見聞既日新而月異，計劃遂不得不隨之而更張。一行人物抵南京後，彼遂獨自深入內地。當時南京至懷遠，尙未通火車，卡德隨同一羣木匠前往，跋涉長途，可一百五十哩，襆被之具悉由南京友人爲之供給，並授以若干華語，至其同行之人，固無一人能了解英語也。

卡德之習中文，即於此時發軔。既抵懷遠，即覓師授以華文，三月之間，進步極速。迨返美繼續治學時，居然能以華文與其師通信。一九一〇年，娶北歐女子爲妻，返華任事，即利用華語，以與中國人相周旋焉。

此後十年間，卡德在內地一縣辦理鄉學，與華人極爲接近，對於中國人之背景，了解甚深。彼以爲華人寬宏大度，富於忍耐性，且爲有眞正好文化之一種民族，故常言曰：『吾此來教學，亦自學也』(I came to teach, but I stayed to learn)。其熱心於求知，可以概見。自一九一〇年抵華以後，最大之副業，即爲研究中國史；一方面借重於書籍，一方面喜與中國學者談論往籍，蓋中國士人最喜以前言往行告人，其增益卡德之見聞固多。卡德研求中國文字，仍著成效，以中國文字之難讀而言，西人視之，直是令人頭痛，而卡德研究之時，轉視爲津津有味之事，斯亦奇矣。

卡德對於人生，蓋能抱樂觀者；足跡所經，無論爲不識字之老農，或博聞強記之君子，傾談終日，以其新知告人，無不盡歡而散。英人梅斯菲德(Masefield)在所著馬可波羅敍言中有言：『世間奇聞異跡，惟奇異之旅行家方得知之而見之。』卡德之視中國，殆爲無窮之祕藏。彼初次與華人接觸時，覺青年農夫對於節候農事及畜牧，所知甚多，遠爲勃林司登榮譽生（Princeton Phi Beta Kappa）所不及。販夫走卒雖不識文書，然敬學崇儒之精神，乃與其蘇格蘭先德相埒。至於彼等應人接物，亦自具有深銳捷給之眼光，有時反自媿不如，深歎讀書二十年，未必足以知人論世也。

中國社會之組織，建於家族制度上，二千五百年以來，士人進身之階，祇有學術一途。此種現象，深爲卡德所嘉許。卡德爲人，溫文和藹，寬恕爲懷，故對於中國人，殊覺氣味相投。彼以爲中國人心理，並無玄妙不可解之處；彼自初即承認中國人之性情，甚合理性，重友誼，尙理智，講氣節，喜交際，無一不與彼個人性情相合；中國人自古及今，固無不如是也。

卡德在其緒論中，略述其著書之經過。卡德離華以後，旅歐幾及一年，遍歷各學術中心地點，以搜求關於中國印刷術發明之新材料。歐洲人對於中國印刷術之發明所知甚少。卡德搜輯至勤，卒能成一巨著，其欣幸愉快，實爲生平所未嘗有也。

卡德在歐時，哥倫比亞大學中國文化系（Department of Chinese in Columbia University）請其到美講學。卡德允其請。一九二四年，遂爲該系主任教授。卡德劬學不懈之精神，與其循循善誘之熱誠，頗能引起一般學子之興趣。彼所教授之學子，遂變成專門研究之一班，各勤所業，以蘄向於一公共之目標。一九二五年之春，卡德久病不起。其中國文化班學生，僉議自行上課，而不時往卡德病榻之前有所請益，成績仍極優美，學生之上課者，絲毫不見減少。當時從卡德遊者，今日已在美國講學著書，宣傳東方文化。卡德固極力主張溝通東西文化，以便東西人士互相了解，其目的蓋不僅在求知識而已。

世界大戰以還，文化事業衰落，遂令國際間了解及合作諸良法美意，大受打擊。以言和平，舊估價已唾棄無餘，新估價尚無從尋覓。卡德之意，以爲東西人士欲求新諒解，非互相尊重彼此文化不可。卡德之往哥倫比亞講學，即抱此意旨，其著成此書，亦有此意存乎其中。彼固愛重人生者，此書遂爲卡德給與世人之一大遺產。好學深思，積勞成疾，此書付印時，彼已重病，書出不數日，卡德亦與世長辭矣。

中國印刷術源流史初版告罄時，同人等對於照樣複印，或俟有新材料時訂正再印，頗有所討論。卡德生前，以爲此書乃初次探討之結果，頗欲再加研究，俾其盡善盡美。然卡德逝世後已五載於茲，並無若何新材料，可供訂正之用，吾人固不妨以原書重印行世；惟第三章標題，則易以新者，書尾參考書目，亦略有增加，此則洛弗博士(Dr. B. Laufer) 之贊助，不可忘也。

一九三一年三月——D. C. M. 識於紐約。

目次

第三編 中國雕板印刷術之西漸……九九

中國印刷術源流史

緒論

歐洲當文藝復興時代之初年，輸入四大發明，均與近代文明，有絕大之關係。此四大發明爲何？一爲造紙，二爲印刷術，兩者能爲宗教改革及民衆教育植其基礎；第三則爲火藥之發明，可以鏟除封建制度創立民衆自衞軍；第四則爲指南針之發明，因此遂發現美洲，而令全世界加入歷史舞臺之中。此四大發明，皆以中國人居重要位置。本書所從事探討者，則以印刷術之發明爲限。

基督紀元後數百年間，歐洲人受中亞民族之騷擾，歷史家稱之爲黑暗時代。中國在此時期中，亦陷入數百年無政府狀態中。（譯者按，此指五胡十六國時代。）惟蠻族之遷徙，在西方幾於完全鏟滅固有之文化，在遠東則不如此之甚，中國恢復元氣較速，其接受各種發明亦較早。歐洲各國則直至文藝復興時代之初年，始接受各種發明。據馬可波羅記載，十三世紀中，（南宋及元初）中國新文化，已如日方中，遠過當時之歐洲文化矣。

歐洲新生活運動之際，其文化寶藏，乃爲阿剌伯帝國與君士坦丁。歐洲古代文化之淵源，皆庋藏於其中，於是歐洲人士趨之若鶩，因此而東方文化與發明，亦由此灌輸於歐洲。阿剌伯人與蒙古人無甚發明之物，而東方發明物之傳播於歐洲，則借重於阿剌伯人與蒙古人不少，由此可知歐洲之進步，乃由中國文化之進展，及希臘羅馬文化之復興二者所造成。彼歐洲舊文化，固不能獨擅其功。惟歐洲文化之消沉，殆千餘年，其人士之秀傑者，乃能急起直追，利用東方已有之發明，建設今日之文化，此實東方人士所不及料。蓋東方已有之發明物，雖東方人士，固亦不能有深切著明之了解。

中國之發明物，其影響於歐亞文化最深者，莫如造紙與印刷術。關於造紙之發明，早爲一般學者所注意，首先用科學方法研究之者，爲哥倫比亞中國文化教授夏德博士（F. Hirth）此後韋爾思（H. G. Wells）世界史綱，重爲申敍，有名於時。至於中國印刷術之發明，則歐洲學者，知之甚少，惟一二巨著中始有之。第十一版大英百科全書中，敍述活字印刷術時，對於谷騰堡（Gutenberg）

與科斯忒(Coster)孰爲最先發明活字體之爭辯，詳爲論列，佔原書十一頁之多，而對於歐洲發明印刷術以前之史蹟，則敍述不及四分之一頁。德國國家圖書館中有印刷術史二巨冊，其中涉及中國者，亦僅有一八四七年巴黎某雜誌一文耳。

研究中國印刷術史，殆少創作，此書不過爲中外人士對於中國印刷術研究之結晶品。其中有中國人日本人西方人之著作，並參考最近突厥斯單及埃及發掘報告之結果，參互錯綜而成。讀者試一檢閱參考書目，則知前人探討之成績，其有功於此書者甚大。惟前項書籍，大率異地異時之所作，薈萃參校之而成一書，實爲絕無而僅有之工作，其困難固在是，其興趣亦在是也。

歐洲載籍，最早關於中國印刷術之紀載，爲一五五〇年時葡萄牙商人自廣州返國，攜有中國雕板書數本，獻之國王，國王以之贈給教皇。經意大利史家佐維斯(Jovius)研究，以爲歐洲印刷術，實導源於中國。十八世紀中，喀勃賴(Phil. Couplet)在大英百科全書中，根據天主教徒之報告立論，以爲九三〇年，實爲中國發明印刷術之一年。(譯者按此爲後唐莊宗長興元年。)一七六五年，米爾曼(G. Meerman)印行活字印刷術源流考(Origines Typographicae)一書，敍述中國發明印刷術之經過，則根據阿剌伯人之載籍也。

此後從中國載籍方面討論此問題者，有克拉勃羅特(J. Klaproth，一八三四年）及汝理昂二八(S. Julien，一八四七年。）汝理昂之文章，在亞細亞雜誌(Journal Asiatique)中發表，雖搜討有不甚確切之處，然在當時，則已爲絕無僅有之作品。一八五八年，寇仁爵士（Robert Curzon）在倫敦菲羅必伯龍學會叢刊（Miscellanies of Philobiblon Society of London）中，發表邁多斯（T. T. Meadows）與愛爾近爵士(Elgin）一書，實爲古今來敍述中國雕版術最佳之作品，惜該項刊物，無籍籍名，此稿亦遂湮沒無聞，良可惜也！一八五八年以後，歐洲文字中絕少談論中國印刷術者，直至一九二三年，柏林有希勒博士（Hülle）發行一小册子，有十五頁之多，詳述中國活字印刷術之經過，及其傳播至高麗情形。其參考資料，一半來自汝理昂及薩陀（E. Satow），一半來自中國載籍。本書作者，亦曾費數月之光陰，執業於希勒博士之門。博士爲柏林國家圖書館中國書籍部主任，曾以其參考書籍及資料，供作者之用，彌可欣感。

一八八二年，薩陀爵士曾於日本亞細亞學會叢刊（The Journal of the Asiatic Society

of Japan）中，著有論文，論及日本高麗印刷術初年發達史，至今猶爲西方關於此類題材之最好資料。

近代中日兩國關於此類之著作，共有三種：一爲朝倉龜三之日本古刻書史，一爲葉德輝之書林清話，一爲孫毓修（留庵）之中國雕板源流考。朝倉龜三之書，略於中國而詳於日本高麗，此亦理有固然。惟上項書籍，既係中日文作品，歐洲著作，罕有涉及之者。此三種著作，均屬篇幅甚短，然較之歐洲關於此項題材之作品，則已翔實多多矣。

本書參考資料，大率借重於上列五種文字之著作（英、法、德、日、中）一方面因此可以搜集此項必需之知識不少，一方面則可藉此以進窺中國古時之載籍。此外中國材料方面，尚有兩大巨著。一爲一七二六年出版之圖書集成，一爲一七三五年出版之格致鏡原，其中所引古代著作，均甚可貴。惟多詳於書法之演進與毛筆造紙之故事，對於印刷術，仍語焉不詳。蓋中國人視書法爲美術，印刷爲手藝故耳。然此中所得材料，已足使吾人了解中國印刷術最初之狀態。要之吾人對於歐洲雕板印刷術，所知亦甚少，兩相比較，其材料蓋亦多寡相埒。此後中國材料方面，或另有新發現，以供吾人參究，未可知也。

新材料方面，尚有考古學，亦足以資佐證。新疆地方，沙漠綿亙，保存古代文化之遺蹟，宛如埃及。歐洲各國及日本人士，前往探視者，不絕於途。於是紀元後千餘年西域之社會生活史，得以大明於世。並足以證明中國史乘所載當時西域情形，甚爲確切。其尤關重要者，則爲新疆各地方及其附近所發現各時代之雕板書籍，足以證明中國印刷術之發明及其向西傳播之勢力。埃及地方，近亦有此種同樣發現，將來對於中國雕板與西方雕板之關係，必有新事實發現，可告吾人，殆無庸議。本書根據於考古之成績，有時且親訪考古家，細談一切，獲得有趣之材料亦不少，所有參考書目，皆分章排列於後幅。

作者所應誌感者，除上項書籍外，尚有個人之助力不少，凡研究中國史，中亞史，阿剌伯史，世界諸名宿，皆予作者以不少之指導與批評。柏林、維也納、南京、巴黎、倫敦間之友人，無不般般協助，孜孜靡倦，其爲愉快，何可勝言！

柏林勒叩克博士（Albert von Le Coq），精研吐魯番文化，無間寒暑。捷克斯拉夫格洛曼博士（A. Grohmann），喜研究埃及雕板書。華來（A. Waley）與翟理斯（Lionel Giles）二君，善於鑒別敦煌古物。希勒博士藏書甚富，皆予作者以種種幫助。至哥倫比亞同僚，如坡爾忒教授（L. C. Porter），約克孫教授（A. V. W. Jackson），高特赫教授（R. J. H. Gottheil），味斯特曼教授（W. L. Westermann），訂正讀校，煞費苦心，皆令予感激無以爲報者也。

作者受益最深者，當推法蘭西學院（Collège de France）伯希和教授（Paul Pelliot）。伯希和氏探討中國文化之方法，學者固早奉爲圭臬，其探討中國文化之結論，本書亦引用不少；而尤可感者，則伯希和教授，對於本書原稿，逐章校讀，訂正之處，幾於每頁均有其手蹟。彼治學之方式與其在史學上之了解，更令作者獲益不少。

其他博洽之士，予本書以相當助力者，列舉如下，用誌欽感：列寧格勒大學中國哲學教授亞歷賽伊夫博士（V. Alexeieev），大英博物院（British Museum）東方藝術幹事賓陽（L. Binyon），劍橋大學阿剌伯文教授布朗（E. G. Browne），巴黎現代語言學校（Ecole des Langues Vivantes）中國史教授科提埃（Henri Cordier），中國迷信研究（Superstitions on Chine）

作者多蕾神父（Henri Doré），柏林大學中國文教授海尼許（Erich Hänisch），瑞典特派中亞探險隊總隊長斯文赫定博士（Sven Hedin），哥倫比亞大學圖書館中國書籍主任海夫特（John Hefter），哥倫比亞大學中文教授夏德（Friedrich Hirth），北京大學中國史教授許地山（T. S. Hsü），高麗史（The History ef Karea）作者赫爾伯（H. B. Hulbert），東南大學圖書館長洪有豐君（Y. F. Hung），高麗漢城美國長老會刻耳牧師（W. C. Kerr），挪威基利斯當尼亞（Kristiana）大學梵文教授科諾夫博士（Sten Konow），支加哥博物院（Museum of Natural History, Chicago）人類學幹事洛弗博士（B. Laufer），美國國會圖書館中國書籍主任李君（S. Y. Li），牛津大學阿剌伯文教授馬哥立博士（D. S. Margoliouth），柏林東方語言學會（Seminar für Orientalische Spraihen）阿剌伯文教授摩力賚（B. Moritz），柏林民衆博物館（Museum für Völkerkunde），中梵文主任米勒博士（F. W. K. Müller），紐約大學美術教授李富斯大而（R. M. Riefstahl），柏林東方語言學會日本語教授沙西密（C. Scharschmidt），維也納國家圖書館阿剌伯紙張保管員舍夫博士（T. Seif），維也納國家圖書館歐洲雕板書保管員斯的格司博士(A. Stix)，美國農業部圖書委員會主任斯尾格爾博士(W. T. Swingle)，紐約博物館(American Museum of Natural History)人類學幹事維斯勒博士(C. Wissler)。

關於插圖方面，有不能不略書數語，以誌感者：此書所印影片，大率就博物館中原物攝印；大英博物院及柏林民衆博物館之照片，皆由華來先生及勒叩克博士介紹之力；至取自他書中者，亦均一一詳註其來源，與其題識。

中國名字之拼音，用翟理斯法，其方法雖不免有可議之處，然最通行之用法，舍此莫屬。省名及著名城鎮之名，則參用郵政局拼法。

中國作者戴侗，在十三世紀中，曾著有六書故一書，其敍例中有一段文字，頗可引用，以標明本書作者之旨趣。今摘錄於左方，以當結論。

予之遲遲於卒書者，非不敏不勤，蓋有待也。雖然，年運而往，來日幾何，欲有待，則書之成，未有日也。故予姑約其三年之功以爲書。孔子曰：『裨諶草創之，世叔討論之，行人子羽修飾之，東里子產潤色之。』予書，草創之書也。議論是，正，則以俟君子焉。……吾書非一家之言也，不吾鄙者，繩愆糾謬，匡其不及，而補其闕，以成不刊之典，竊有望於後之君子焉！

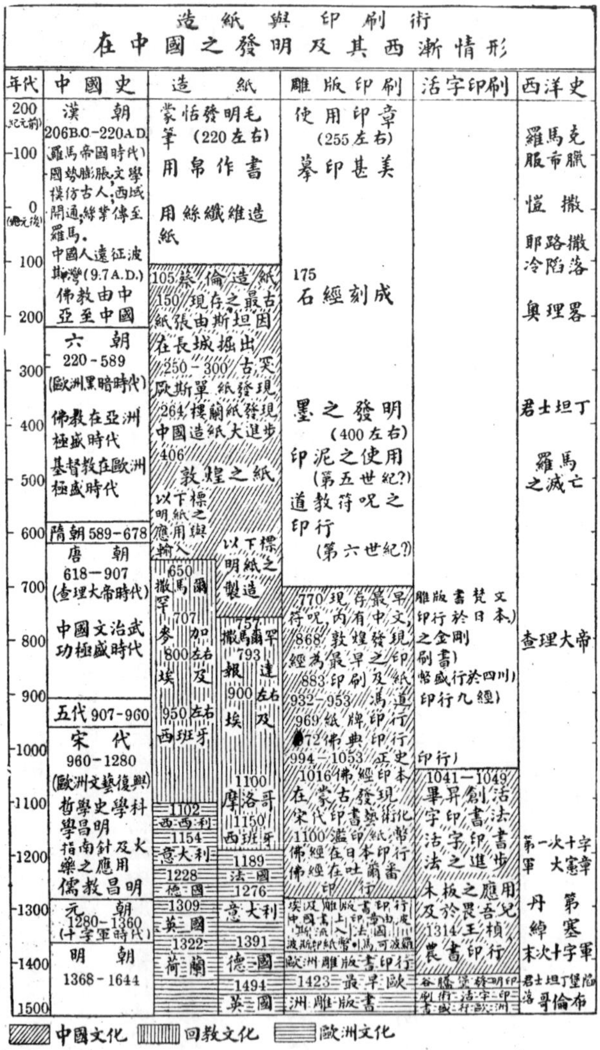

第一編 中國印刷術之背景

第一章 造紙之發明

印刷發明之背景爲造紙，造紙之發明屬於中國，僉無異言。且造紙發明之完備，亦首推中國。關於他種發現，中國或僅導其端緒，而讓他國竟其全功，獨造紙則不然。造紙之技術，由中國傳播至遠邦時，已達完美之地步。耶穌降生後數百年中國所用之紙，已包括種種原料；破布，苧蔴，及其他植物纖維，無不畢備。且所造之紙，裁張有大小之異，裝璜有各項顏色之不同，使用時有書寫包裹之各別，推而至於飯巾便紙，爲用更廣。（譯者按：飯巾用紙在今日西方，頗爲通行；吾國昔時是否有此物，尚未及搜考。原作者係根據法人 Reinaud 之書立論云。）八世紀中，居住撒馬爾罕之阿剌伯人，擄去中國人若干，遂得習知造紙祕訣。十二十三世紀中，又由摩爾人（Moors）以此術傳於西班牙人。

其實吾人今日所用之紙，在大體上固與當時之紙無異。卽在今日中國人仍厲行改良造紙之法。吾人今日所用薄印刷紙(India paper)及韌紙(papier maché)，皆十九世紀中由中國傳播而來者也。

據史籍紀載，紀元後一〇五年（東漢和帝元興元年）爲造紙發明之第一年。然一切發明，皆由逐漸試驗而成功者，若指定某年爲某項發明之第一年，自不免嫌於武斷。周末以前（紀元前二五五年以前）中國人書寫，率用竹筆蘸墨書於竹簡木簡之上。墨以漆爲之。短篇則書於木簡，長篇則書於竹簡。竹簡大約長可九吋許，寬度則至少可書一行。木簡與之相仿，寬或過之。竹簡較爲堅固，可於一邊錐孔，而以絲繩或皮帶束之

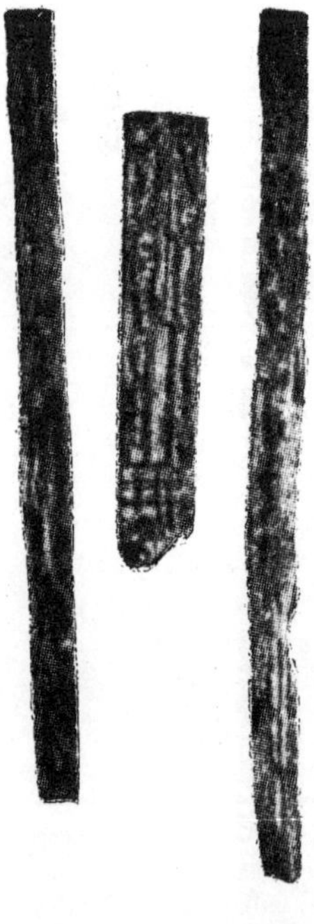

漢代之文具，用竹及木製成。
竹長 20×1.3 公分
木長 11×2 公分
Schreib und Buchwesen

成書。基督降生後初年，頗有此項之記載。近代學者，在吐魯番發掘古物，其中竹簡木簡，仍與史乘所記載者無異。

紀元前第三世紀中，蒙恬發明毛筆，爲文具上一大改革。前乎此者，文具爲竹簡木簡，後乎此者，則爲竹簡與縑帛。而書籍分章亦遂以『卷』(roll)爲名。所謂寫字之縑帛，蓋亦不外乎絲纖維。此事自漢代爲始。近代學者，在長城上碉樓中所發現之有字縑帛，頗足以證明此說之非誣。

據史家所記，縑太貴，簡太重。墨翟周遊列國，載書三車，皆竹簡也。秦始皇衡書，每日一百二十石，其煩雜可想！則造紙之不容或緩，更可概見。

初次所造之紙，殆爲生絲所製成，與紙相似而已。紙字說文從絲，即其遺意。此種類似乎紙之物品，在斯坦因博士(Dr. Stein)所發掘古物中，可以見之。惟是否可恃，亦殊屬疑問。

發明造紙之一年，爲紀元後一〇五年。其年宦官蔡倫，以造紙之法，正式奏明於漢和帝。蔡倫是否爲惟一發明造紙之人，抑爲贊助造紙最力之人，在今日已無從確悉。此與馮道印書之事相若。要之蔡倫與造紙有重要關係，則爲中國人人所承認。此後蔡倫遂被祀爲造紙之神。唐代發現一造紙之曰，傳爲蔡倫所用者，以之入貢，陳於京師博物院中，典禮至爲隆重。范曄後漢書中。有蔡倫傳。錄之如左：

蔡倫字敬仲，桂陽人也。以永平末，始給事宮掖。建初中爲小黃門。及和帝卽位，轉中常侍，豫參帷幄。倫有才學，盡心敦愼，數犯嚴顏匡弼得失。每至休沐，輒閉門絕賓，暴體田野，後加位尙方令。永元九年，監作祕劍及諸器械，莫不精工堅密，爲後世法。自古書契多編以竹簡，其用縑帛者，謂之爲紙。縑貴而簡重，並不便於人。倫乃造意，用樹膚麻頭及敝布魚網以爲紙。元興元年，奏上之，帝善其能，自是莫不從用焉。故天下咸稱蔡侯紙。元初元年，鄧太后以倫久在宿衞，封爲龍亭侯，邑三百戶。後爲長樂太僕。四年，帝以經傳之文，多不正定，乃選通儒謁者劉珍，及博士良史，詣東觀，各讎校漢家法令，倫監典其事。倫初受竇后諷旨，誣陷安帝祖母宋貴人。及太后崩，安帝始親萬機，勑使自致廷尉。倫恥受辱，乃沐浴整衣冠，飲藥而死。國除。

蔡倫發明製紙後，用紙者日多。近人在長城碉樓中，發現縑帛書簡及箋紙書簡九種，大約爲蔡倫死後五十年內之物。突厥斯單亦有此種發現，皆足以證明上項記載之非誣。

突厥斯單所發現之紙，經專家研究，認爲紀元後第二世紀至第八世紀之物。其製造原料，爲桑皮、大麻、魚網、破布，尤其爲苧麻布。要之以造紙原料而論，蔡倫傳中所言，此時竟證實無訛。

突厥斯單發現之破布紙(rag paper)已證明中國舊史所記非虛而使西方學者驚訝無已者。自馬可波羅時代，以至四十餘年前之

迄今所發現之最古紙張

約係一五〇年之物。一九〇七年，斯坦因在長城碉樓廢墟中，與中文殘簡及窣利文之書信八封，同時發現。當發現時，所有之信，均各封於紙及布所製之信封中。

British Museum (19×24.5 公分)

今日，歐洲人士對於東方輸入之紙，率稱之爲『棉紙』(cotton paper)。以爲破布造紙，則指爲係十五世紀中日耳曼人或意大利人所發明。惟一八八五年一八八七年間，維士紐(Wiesner)與卡拉巴賽克(Karabacek)，用顯微鏡化驗維也納所藏紀元後八〇〇年至一三八八年埃及所造之紙，乃知其幾全以破布爲原料，卽歐洲早年所造之紙亦多如是。於是一般人乃以爲破布造紙實爲住居撒馬爾罕之阿剌伯人所發明。蓋中國人造紙之原料，在中亞無從覓得，故不得不作此說。至一九〇四年，此項推論，始完全推翻。其時斯坦因在突厥斯單探險，發現古代紙張，比卽寄與維也納維士紐博士研究。維士紐化驗之後，謂大部份係以桑樹皮造成，而雜以破布。當時學者推論，以爲住居撒馬爾罕之阿剌伯人，非發明破布造紙之人；惟完全用破布造紙，則應推阿剌伯人。一九一一年，斯坦因又在長城碉樓中，發現古代之紙。經維士紐研究，乃全係破布造成，於是前說又不攻自破矣。中國人於紀元後二世紀初年，發明破布造紙之法，至此始行證實。

書寫用紙，其便利遠過於縑帛竹簡，因此用紙者日多。蔡倫發明之後，不久卽有左子邑，對於造紙之法，大加改良。(譯者按：左伯字子邑。淵鑒類函引潛確類書：『蔡倫後有左伯，善造紙。』齊蕭子良與王僧虔書：『子邑之紙，研妙輝光；仲將之墨，一點如漆；伯英之筆，窮神盡思。』）此後數百年間，關於用紙之記載，史不絕書。美麗之紙張，亦層出不窮，據發掘報告而言，中國發明雕版印刷之術時，新疆均早已用紙，中國本部之用紙，自更早矣。

突厥斯單所發現之紙張，在裝璜裁製方面，均有進步；能使書寫者，感覺便利。初期所造之紙，僅爲破布纖維，無裁製之妙。改良之法，即於造成之紙，外加一層石膏，以便吸收墨汁。此後始知摻用植物膠質，及澱粉漿，以及更佳之漿糊於其中，務令紙之纖維，不受損傷，而紙之質料，則更形堅韌耐用。上項種種改良方法，在八世紀中造紙法傳至阿剌伯人以前，俱已厥告成功，而中國雕板印刷，亦尙未發明也。總之造紙術傳至住居撒馬爾罕之阿剌伯人時，已達發明完美之階段矣。十三世紀中，阿剌伯人以造紙術傳授於西班牙人及意大利人，實與八世紀中之造紙術，絲毫無異。歐洲初期印刷之紙張，與五百年前中國人印書之紙張，蓋相去無幾云。

第二章　印章之使用

漢文中印字有二意義：一爲印章，一爲印刷。其意義甚可玩味。試研究印字之淵源，則中國印刷術之起源，可以思過半矣。漢代刻印於青泥上，以資取信，此爲印字之本義。至第五第六世紀時，始用紙墨摹印，而印之意義則同。道教徒用方木印摹刻符咒於其上，有老子諸仙人名字，亦名之爲印，佛教徒刻印圖畫經典，亦與此相彷彿。十一世紀中活字印刷，及二十世紀中鑄字機印刷，皆沿用此印字。由此可知印字之意義，其狹義爲印章之印，其廣義則爲印刷之印也。

中國印刷術與印章之關係，前人討論之者絕無僅有。今不嫌辭費，縷陳於后。

印章尚未使用以前，——周代（紀元前二五五年左右）——宮庭中所資以取信者，則爲符節。符節以竹或玉爲之，書文字於其上，剖而爲二，各存其一，合之以爲徵信者也。周禮：『門關用符節』，即指此。今日中國人在美國爲人洗衣者，用籌碼之法，以資取信，籌碼以竹爲之，一端破折，各執其一，以便取衣時對照之用，蓋猶是符節遺意也。

秦始皇帝（紀元前二四六——二〇九）統一中國，築萬里長城之後，留意典章文物，於是廢符節而用璽印。其所用玉璽來自楚國，係由丞相李斯所獻，上鐫『受命於天旣壽永昌』八字。數百年中，卒爲帝王傳國之寶，其盛衰得失，軼事流傳，正史稗史中固多有之。（按璽印淵源，聚訟紛紜，紀元後第一世紀中，衞宏之言曰：『秦以前金銀爲方寸璽，始皇得楚和氏璧，乃以玉爲之，李斯書其文』。是印章始於周末矣。吾邱衍學古編，馬端臨文獻通考，皆不然其說。然吾邱衍、馬端臨皆爲元人，或者衞宏之說，係指私人印章而言耳。）

符節以破角取信，猶是野蠻人簡陋故態；璽印以刻摹取信，乃文化進步徵象。其間演變，實亦事有必至，理有固然。惟中亞史蹟，或亦有以促成之。秦始皇戡定華夏以前一百年間，亞歷山大已征服印度一部份，傳播希臘文化於中亞各地。當時中國國勢西漸，固離中亞各地不遠。介乎中國與亞歷山大帝國之間者，爲新疆地方，數載以前，斯泰因在此處發現木簡若干，悉裹以繩索，摹有印信，殆爲古代契據文件等物。其印信文字，有中國文，有印度獅象等記號，又有希臘神象。漢代東西文化之交通，在此可以得其彷彿。惟希臘文化之曾否由新疆以傳至中國，固不敢確定，然亦非絕不可能之事也。（按大唐西域記卷三記無憂王太子拘浪拏故事有『以齒爲印紫泥封記』等語，與摹印亦頗相似。）

及至漢代，（紀元前二〇六——紀元後二三〇）宮庭及民間使用印章更廣，刻印之術更精，後此幾無有能及之者。（關於漢代印譜，可參閱封泥圖考。）其所用印章原料，有金銀銅玉象牙犀角等等。（參考朱象賢印典）

漢代摹印之法，與後此大不相同。當時摹印，係印之於青泥上，與歐人用蠟相似，初無顏色可言。（參閱印典印史等書。）自唐以還，始用銀硃印泥，印之於紙上，與今人用橡皮圖章相同。此種摹印之法，實爲雕板印刷之所自始。二事相近，初無可疑；惟一則資以取信，一則企求複本，其目的乃互異。然中國印刷中，亦未嘗無徵信之意。十四世紀中，中國印書事業，已甚發達，波斯史家拉希德愛丁(Rashid-eddin) 形容印刷術，稱之爲文件取信之一法云。

漢代青泥封印演變而爲紙墨摹印，其過渡時代，究在何時，殊難確定。參閱中國載籍與突厥斯單所發掘之古物，此項演變，大概發生於紀元後第五第六世紀。（譯者按，此爲東晉南北朝時代。）（據朱象賢印典所載，六朝及唐代摹印，始多呈紅色。）在此時期中，突厥斯單所發現之古物，其木簡上之印多用泥，紙上之印則多用墨。總之上項兩階段之演變，皆由漸而入，可以想像得之，亦由用紙之途日廣，有以促成之也。

印章摹刻，演變而爲雕板印刷，其動向有二：一爲佛教之刊刻符咒圖畫及書籍，其詳當俟後論；**一爲**道教之刊刻符咒，爲時則較早也。

第四世紀中，葛洪著有抱朴子，其中有玄妙之言曰：『古之人入山者，皆佩黃神越章之印。其廣四寸，其字一百二十。以封泥著所往之四方各百步，則虎狼不敢近其內也。行見新虎跡，以印順印之，虎卽去。以印逆印之，虎卽還。帶此印以行山林，亦不畏虎狼也。不但只辟虎狼，若有山川社廟血食惡神能作福禍者，以印封泥斷其道路，則不復能神矣。昔石頭水有大黿，常在一深潭中，人因名此潭爲黿潭。此物能作鬼魅，行病於人。吳有道士戴昞者，偶視之，以越章封泥作數百封。乘舟以此封泥遍擲潭中，良久有大黿，徑長丈餘，浮出不敢動。乃格殺之，而病者並愈也。』（抱朴子內篇卷十七）

符咒印章之大者，每一印章，有一百二十字之多。第四世紀中，尙多以泥摹印，後亦改用硃墨。蓋道教徒甚喜硃丹之色，以爲含有給與之意義。惟使用硃丹之年代不可考，以佛教木刻符咒而論，則爲第八世紀。要之道教所刻印之符咒，後此葉子戲亦仿效其法，惟確切之證據，此時尙難尋覓。總之，佛道之刻印符咒，實爲印章摹刻與雕板印刷之過渡階段，則無可疑。蓋符咒既可複印，則他項文書之複印，自更在需要之中矣。

初期符咒摹本（西藏文）

Museum für Völkerkunde（各符大小爲 10.4×2.06 公分）

土製之貯藏器，西藏文符咒摹本卽於此器中發現。

如欲獲得符咒，必須擊破此土製之貯藏器。雖此項符咒不能早於十二世紀，然已可代表僅存之初期雕版印刷物。發現於吐魯番附近。Museum für Volkerkunde

第三章　石碑搨本

印章與雕板印刷之關係，中國著作家從未注意及之。惟墨搨碑帖，爲木刻書籍之導火線，則中國著作家，亦自承認之。

搨印碑帖其手續甚爲簡單，今日所用之方法，殆與初期搨印之法無殊。其法先以薄而堅韌之紙，浸於水中使其軟而有粘質。然後敷於石碑上，用硬刷刷之，於是石之罅隙處，紙皆可以透入，待紙張既乾，遂以小小之絲墊或棉布墊內裝絲棉或棉花，外蘸黑墨，從事影搨，搨畢，略俟其乾，然後揿去其紙，遂成爲黑地白字之搨本矣。此種方法，與印書無異，所不同者，碑帖字爲陰文，雕板字爲陽文而已。且搨時係蒙紙於碑上，故文字無翻置之病，行數氣韻亦與原碑無異。

道教徒印行符咒，因而佛教徒刊印圖畫與佛經石搨碑帖，殆亦可視爲孔教徒印行經傳之先聲耳。五經刻石，以傳久遠，而免錯誤，實始於紀元後一七五年。今錄後漢書蔡邕傳一段文字於左：

邕以經籍去聖久遠，文字多謬，俗儒穿鑿，貽誤後學。熹平四年，乃與五官中郎將堂谿典，光祿大夫楊賜，諫議大夫馬日磾，議郎張訓，韓說，太史令單颺等，奏求正定六經文字。靈帝許之，邕乃自書册於碑，使工鐫刻，立於太學門外。於是後儒晚學，咸取正焉。及碑始立，其觀視及摹寫者，車乘日千餘兩，塡塞街陌。

上文所謂『咸取正焉』一語，即係搨印。此紀元後第二世紀事也。初期印刷，或早於此時，亦未可知。總之石搨較木刻印刷爲早。唐太宗時代（紀元後六二七——六四九）之石刻，伯希和先生曾於燉煌石室中發現之，其中有歐陽詢所書之化度寺碑。

此後國家對於刊刻石經，認爲一大重要職責，代有其事。唐文宗時所刻之開成石經，至今猶有搨本，其刊刻年代大約爲八三六年至八四一年。一部份刻石，不久曾出現於世。唐代且派有專員典司其事，唐書百官志所謂『搨書手』是也。

考之敦煌所發現之古物，碑板文字，不僅限於經籍，當時佛教寺院，亦盛行石刻之物，其後竟有石刻全書者。敦煌石室中有八六八年所刻之金剛經二種：一爲木刻，一爲石刻，皆九世紀中物也。石刻文字，可爲傳播書籍之用，已昭然若見。要之，石刻之發達，實由於孔教徒提倡之力，所以免經籍錯簡之病。雕板發明百餘年後，仍以石經爲定本，其重要可以想見。佛教木刻淵源於道教，與孔教與石刻之法，並行不悖，而後造成馮道刻書大事業，建設文化上新紀元。第十世紀至第十四世紀中，中國之經史子集，殆無不有雕板者。紀元後九三二年（後唐莊宗長興三年）馮道、李愚，實爲先知先覺者。其奏章中大意，以爲『漢人尊孔，刊刻石經，唐代因之不改。本朝政事日不暇給，尙未遑及此。然吳蜀刻書，已多問世。文字未能劃一，學者無所取正。倘能雕板刊印，則文教誕敷，寧有紀極？』云云。（參閱冊府玄龜）

由此觀之，木板雕刻五經，固爲印書上一大紀念，然發起之人，並無廣爲印刷之意，其用意與石刻正同，殆皆模仿佛教辦法，取便一時，故以木代石耳。雕板用翻字，猶是佛教徒木刻符咒遺意，窮源溯委，則仍是石刻導之先路耳。

雕板刻書發明以後，石搨仍舊盛行，至第十世紀中，印刷之事業始盛，石搨則漸少矣。紀元後九九二年（宋太宗淳化三年）石刻淳化法帖，皆取諸晉、魏名人之眞迹。（歐陽修集古錄云：唐末之亂，昭陵爲温韜所發，其所藏書畫皆剔取其裝軸金玉而棄之。於是魏、晉以來諸賢墨蹟，遂復流落於人間。太宗時購摹所得，集爲十卷，摹傳之以分賜諸近臣，今公卿家所有法帖是也。曹昭格古要論：淳化閣帖，宋太宗用棗木板刻置祕閣，首尾俱篆書題淳化三年壬戌歲十一月六日奉聖旨摹勒上石。用澄心堂紙李廷珪墨拓打，以手摹之，墨不汚手，無銀錠紋初搨者，上也。）石刻碑帖，自此遂爲保存名人墨蹟之惟一妙法。惟摹搨既久，石碑破折，以銀絲束之，然斷痕仍可得見。至南宋時代，此淳化閣帖已爲希世之珍矣。

兩宋以還，石刻甚夥，日本亦有此風氣。一三一五年，大宗書籍，皆以石刻爲之，卽在中國，亦未嘗絕迹也。

第四章　佛教之進展與印刷之需要

藝術之發展，常藉宗教之勢力以發表人類之才智。然此不獨藝術爲然。卽以印刷而論，其得寸進寸得尺進尺之進展，亦常借重於宗教進展之勢力。試一展閱世界印刷史，其初期之發明爲中國，而最大之發展，乃在二十世紀。無論何國文字，何種方言，其初期之印刷，殆無不與聖經有關係。易言之，卽與世界三大宗教皆有關係也。中國最早之印刷，卽爲佛經與佛教圖畫，日本印行佛經六百年，其印刷始臻完美階段。蒙古人未克服中亞以前，中亞之印刷物，大半皆爲佛經與佛教圖畫。埃及在十字軍時代，其印刷物，亦多爲古蘭經中之聖詩及祈禱文。歐洲雕板印刷所印者，亦爲聖經中之圖畫與貧民聖經。谷騰堡所印刷之聖經，則更爲人人所稱道。十九世紀中，教士改良非洲語言文字，廣佈印刷品，亦爲刊印聖經起見。中國發明活字印刷術，後此廢置不道，而重行傳播活字印刷術者，則仍爲耶穌教教士也。

吾人試研究中國印刷術，亦易於尋出宗教上之背景。中國人千方百計，以尋覓廣播書籍方法之時，亦即其宗教最盛時期。兩漢國勢強盛，垂四百年，人民不感覺宗教之需要，尊師重道，於願已足。紀元後第一世紀中，雖有佛教輸入之紀載，而國家統一，佛教之進展，極爲濡緩。及至第二世紀中，漢室滅亡，中國四分五裂，又垂四百年。胡騎縱橫，民生塗炭，內亂侵尋，爭戰不絕，與歐洲黑暗時代相彷彿。此時期中，又可分爲三時期：一爲三國時代；一爲晉代，雖造成統一若干時，而內部不寧，禦侮失敗，以致釀成南北朝之分立，北朝則爲胡人統治，漢代之文化，至此遂一蹶不振，孔子所宣傳之道德仁義，不足以應付時勢，於是避世逃形之宗教，遂得乘間而入。四百年間，佛教之勢力擴充，有加無已，舉凡風景美麗之區，高僧棲止之域，無不建造寺塔，人民爲安身養性起見，從事於宗教生活者日益衆，當時

金屬佛佗像之模型，表示從印章至雕板印刷之變遷。(高六公分) Museum für Völkerkunde

印有佛像之薄紙殘卷，由此可知佛教信徒之愛好摹印。此種手卷及殘簡，常爲英、法、德、日之探險隊在突厥斯單各地大量發現。Museum für Völkerkunde（15.5×22 公分）

所建寶塔，至今猶有存者，此種政治混亂時代，實爲宗教信仰時代，徵之於當時最後一百年爲尤信也。

佛教盛而藝術亦盛，有人謂中國藝術，皆淵源於佛教，此語殊不確切。中國自有其獨立之藝術，以植其基，惟此項藝術，因佛教昌明而遂發揚光大耳。大抵在黑暗時代中文學銷沉，藝術易致發展，此則因中國之五胡，與蹂躪歐洲之阿提拉（Atilla）蠻族不同，其人已信仰佛教甚深，攜有希臘、印度藝術與俱。顧愷之爲中國繪畫初祖，卽生於第四世紀中。第五第六世紀中，朝代變遷，迭相雄長，政治都無可言，而藝術家則史不絕書。繪畫家固多產生於南方，造成中國式之藝術，然其動機則爲北來之宗教藝術，如北魏雕刻，實有以促成之。及至唐代，中國藝術，始達最完美最富有創造性之階段。宗教挾藝術以俱來，藝術宗教又予印刷術以不少之推進，可斷言也。

第二編　中國之雕板印刷

第五章　雕板印刷在中國之重要——論用墨——論雕板印刷術

歐洲人以爲印刷之發明，始於排字之發明，其視雕板印刷，不過爲印刷術發明史中一段重要過程而已，遠東人士則不然，以爲印刷之發明，實始於雕板印刷，其視活字印刷，如同錦上添花，無足輕重。此其故，由於歐洲文字爲字母文字，而遠東文字，則爲會意文字。用字母者，以爲發明排字，即爲印刷術之發明；用會意文字者，其字數有四萬不同之符號，故使用活字，亦不感覺異常便利，與特別經濟。然無論如何，印刷發明之後，則文化教育無不大受影響，此則各國皆然，無分東西也。中國發明活字印刷，日本高麗，相率效之，爲用更廣。當時用字母文字之國家，尙未知有活字排印法，而用會意文字四萬言之國家，竟能使用此法，其勇氣誠不可及。然宋代爲中國文藝復興時代，以質與量而言，當時之印刷術，實居遠東第一位置。惟重要印刷，仍恃木板。木板印刷術（xylography）在中國發明中，洵佔有重要位置矣。

歐洲雕板印刷，甚爲簡陋，與中國初期之雕板相似，頗不爲學者所重視。谷騰堡(Gutenberg)較佳之印刷術發明後，此種簡陋之印刷術，自爾絕迹。中國最早之雕板，亦甚簡陋，然排斥之者，不爲活字，乃爲更精良之雕板。雕板術發明後百餘年，經馮道大加改良，馮道遂被諡爲印刷術之初祖。馮道之在中國，亦猶谷騰堡之在歐洲也。自此以後，印刷亦遂躋於藝術之林。宋版書之印刷精緻，後此無以復加。近代活字排印之中國書，更不能與之比擬。要之中國人注重書法，故活字印刷，不能排斥雕板印刷，即以書中圖畫而論，木刻亦極精緻，日本尤甚。故雕板印刷之發明，實爲中國印刷術之發明。中國文化之傳播藉此，中國印刷術之精良亦在此。無論在量在質二方面，均可作如是觀也。

印書事業，必須用墨。德溫(De Vinne)在所著印刷史(Invention of Printing)中，敍述發明用墨之重要，以爲油墨發明，實有助於谷騰堡之發明不少。中國雕板印刷，實亦借重於墨。英人稱之『印度墨』(India ink)，法人則稱之爲『中國墨』(encre de Chine)法人所稱，自較準確。漢以前無墨，祇有漆一種，後此始知以煙炱製墨，用以書寫印刷。發明之者，爲魏之韋誕，第四第五世紀中人也。(趙希鵠洞天淸錄云:上古以竹挺點漆而書,中古有墨石可磨汁。至魏、晉間,始有墨丸,以漆煙松煤爲之。晁氏墨經云古用松煙石墨二種,石墨自魏、晉以後無聞,松煙之製尙矣。)此後對於墨之製造裝潢精益求精,至宋代爲尤著。然在大體上,其製造亦與古無殊也。

製墨之法,取易於燃燒之燈心,置於油鍋中燃之,其上覆以漏斗形之鐵罩,俟煙炱積於其上,則以刷刷之,承之以紙,復移置於臼中,臼中儲膠,攪之使勻,然後置諸小模內,俟其乾,卽可用矣。上等墨所用之油另有一種,普通墨則多燃松煙製成,出售時多作長方條形式,用時則在石硯上和水研之。

中國墨最宜於印木刻書籍,字跡淸晰,無漫漶之病。中亞所發現之紙本書,今日已硬化如石,然字跡仍可誦讀也。總之雕板書所用之墨,無論在中國,在中亞,在埃及,在歐洲。其原料及製造,均大致相同。惟歐洲初期所印之木刻書,其墨色多變成棕黃色。

中國墨在銅板上摹印,其成績殊不佳。蓋墨粘銅質,集合成無數小球,摹印之後,字跡遂形粗糙。故歐洲排印之人,後此所用墨汁,能在油中易於溶解,亦沿用古時油畫家故智也。中國亦曾嘗試以銅板印書,高麗尤盛行之,然成績不甚滿人意。中國書固多木板,以中國墨印刷之,其成績固異常佳妙也。

中國雕板印刷術，有千年之歷史。以今日與往時相較，無甚出入，不妨縷述其方法，以明眞相。

雕板大率用梨木鋸成方形，其厚薄以適宜於刻字之力量爲標準，每板可刻二頁（譯者按：卽係中國之一葉。）先用熟飯或漿糊鋪其平面上，令其光滑和軟，易於雕刻，俟其未乾時，以寫成之稿黏於其上，於是字皆成翻形，須臾揭其紙，字跡皆留於板上。刻字者持尖銳之刀刻之，字皆凸出於板上，如少有錯誤，可分別易以小木片，安置於其上，而再刻之，此與歐洲人之木刻圖畫正同。然刻字成本不高，往往換一木板重刻之。中國人印刷不甚用力，輕輕一刷，字體卽現，重刷反有損紙張。印刷之人，右手持二刷，此二刷繫於一柄上，一蘸墨，一不蘸墨。先刷墨於板上，覆以紙，再以無墨之刷刷之，而字體卽現於紙上。往往一日之中，每人可印刷二千張，有時亦取分工制度，刷墨者一人，刷紙者又爲一人。紙張甚薄，故祇可印一面，每張旣有二頁，故印好時，須就其中縫空白之地，作一雙折，凡雙折之處，皆爲書之外面（左邊。）其無折之處（右邊）則爲裝訂之用。大抵遠東印刷之方法，千年來無甚改變，以後仍將分章討論之。

第六章　中國佛教寺院中之最初雕板印刷

唐代爲印刷術胚胎時期（六一八——九〇七）即中國文化最盛時代。前乎此者，疆宇分裂，國勢不振，爲中國黑暗時代，與歐洲黑暗時代，幾於同一時期。疆宇統一之後，爲時不過三十年，始肇與唐代文治武功，邁軼前古，此七世紀及八世紀前半事也。當時聲教所被，遠及西藏，東突厥斯單，高麗及印度支那之大部份，率皆稱臣入貢長安，兵威所及，遠踰天山喜馬拉雅山之外。以征服印度阿剌伯諸民族。初唐諸帝所奏之膚功，殆與同時之查理大帝（Charlemagne）相頡頏，二人均能撥亂反正，奠定強有力之國家；惟中國黑暗時代爲期較短，貽害較淺，且文化之恢復亦較速，此則中西史乘不同之處也。

唐室諸帝如太宗等，對於信仰宗教之自由，推行不遺餘力，實爲史策所罕見。唐代姓李，故諸帝率崇奉道教，然尊孔亦無所不至，外國宗教之輸入，亦予以提攜。七世紀前半，長安有初次入中國之基督教徒；（譯者按此指景教。）波斯王失位，與其僧侶託迹長安；玄奘爲佛教中高僧，自印度歸來，受朝廷盛大之歡迎；回教徒亦於此時，初次派遣教徒入中國，朝廷助其傳教，一切均無歧視。五方之人，紛紛畢集，新知輸入，文運日新，爲中國從來所未有之現象。上項宗教固各騁其聲勢，而佛教之勢力，則尤偉大，印刷術之演進，亦藉佛教之力也。

此項黃金時代，爲時可四百餘年，至唐明皇而造其極峰。（七一二——七五六。）明皇初置翰林供奉，又設學士院，一時文人藝士如李白、杜甫、王維、吳道子，皆在其朝；中國最著名之詩人畫家，舍此又奚屬焉。

中國在此黃金時期中，佛教寺院，極力設法以傳播其經典，故此黃金時代之末年，遂有雕板事業之萌芽。佛教徒初期印寫事業，可參觀敦煌與吐魯番兩地所發現之古物，（參閱本書第八章第十四章）其中頗多佛教徒抄寫之經典。此外又有石搨紙張，鏤花模印之板，吸墨粉印花印字之紡織物，印章及印章之模印，以及印刷之小佛像，處處皆足以證明與雕板術發明，有直接之關係。

石搨本爲儒家印刷之初步，然自敦煌之發掘言之，則佛家亦利用石搨，以印行其經典，金剛經

供印刷用之鏤花紙板

此爲最早複印方法之一，圖中黑線皆以針刺鏤而成。應用此法印刷之紙張絹帛，今於吐魯番及敦煌等處，均有發現，即牆上亦偶有印刷此種圖畫者。Museum für Völkerkunde（14×9.9 公分）

卽其例也。（譯者按：敦煌古物中，有刻印之金剛經，又有石搨金剛經，係柳公權書。）鏤花板模印，佛教徒尤喜爲之，敦煌石室中所發現者，有鏤花板模印之紙張絲布及畫壁。鏤花模印之紡織品，其上有兩色者，有數色者，皆不帶宗教意味，其圖案大率爲馬鹿鴨等等，又有一種圖案紙，與近世深藍色幾何畫之糊牆紙，極相似。

敦煌所發現之佛像模印，殆爲印章與木刻之過渡物品，總計敦煌吐魯番及其他突厥斯單地方發掘所得者，無慮數千幅，亦有見於寫本書每頁之首端者，且有整卷發現者如大英博物院所藏手卷，長十七吋，卽有同樣佛像四百六十八個。模印之佛像與木刻之佛像，其惟一不同之處，則爲模印之佛像較小，手印之時，力量薄弱，與印章所印無異；此項印模，其上均有小柄，專爲模印而設。如以此項印模翻置，以刷刷墨於其上，而以紙覆之。則印刷時卽有伸縮性，而印刷之進步，可以預卜。大英博物院中有一手卷，所印佛像，較爲佳妙，殆係摹搨而非模印也。盧甫爾博物院（Louvre）所藏木刻佛像，則更精緻，圓圈數環，同一中心，其中佛像，大小各異，皆來自一種木刻。

以上所言，如石刻，絲織品摹印，鏤花板摹印，印章摹印等等，皆爲雕板印刷術樹之先聲，而推行上項方法尤力者，則爲佛教寺院。敦煌及吐魯番兩處所發現之物，是否較最初雕板書爲尤早，無從得悉，惟敦煌石刻多爲唐太宗時代之物；伯希和在庫車所發現之木戳，則爲紀元後八百年之物；此外所發現者，卽使不較初期雕板印刷之物爲更早，其足以代表初期幼稚之印刷物，固無疑義。

最初之雕板印刷，究爲何時？亦令吾人如墮五里霧中。歐洲載籍謂始於西曆紀元後五九三年，（隋文帝開皇十三年）其謬誤蓋由於誤用中國參考書。書名格致鏡原，其中引用陸深河汾燕間錄之語，謂『隋開皇十三年十二月八日，敕廢像遺經，悉令雕板。』明末胡應麟少室山房筆叢從其說，謂『雕本肇自隋時，行於唐世，擴於五代，精於宋人。』然宋人著作，如沈括夢溪筆談，馬端臨文獻通考所引葉夢得之語，朱昱猗覺寮雜記，均以爲刻板之風，始於馮道。然陸深之語，究何自來？葉德輝書林清話云：『陸氏此語，本隋費長房歷代三寶記，其文本曰：廢像遺經，悉令雕撰。意謂廢像則重雕，遺經則重撰耳。阮吾山茶餘客話，亦誤以雕像爲雕板，而島田翰（著有雕板淵源考）必欲傅合陸說，遂謂明人逮見舊本，必以雕撰爲雕板。不思經可雕板，廢像亦可雕板乎？』書隱叢說與朝倉龜三日本古刻書史所論，亦復如是。總之刻書事業之發達，由漸而入，其進展往往不易得見。故發明之年代，雅難得悉。現存之最早木刻書籍，來自日本者，其年代爲七七〇年，（唐代宗大曆五年，）來自中國者，爲八六八年，（唐懿宗咸通九年）以上刻書均甚工緻，不足以代表初期之雕板印刷。前乎此者，佛教寺院，急於摹印佛像，實爲助成雕板印刷之淵源，因此而傳至日本，此皆七七〇年以前事。總而言之，唐明皇時代，（七一二——七五六）中國文治昌明，武功彪炳，達於極點，雕板術之告成，大率亦在此時。

明皇末年，國內騷亂，唐室郅治之盛，漸不可復覩。太宗明皇優容宗教之政策，亦遂放棄，虐待外來宗教，日甚一日，卽佛教亦難幸免。八四五年，（唐武宗會昌五年）詔毀天下僧尼，並勅令歸俗。計當時寺院被毀者，四千六百處，僧尼歸俗者，二百六十萬人。益以唐末大亂，文藝摧殘，遺留之物品甚少，故中國最早之刻書，除八六八年金剛經外，亦不可復覩。如欲求更早之印刷品，則非尋覓日本材料不可。

第七章　日本聖德皇后及其所刻印之符咒（紀元後七七〇年左右）

日本沐浴於中國文化，始於第七世紀，又越一百五十年，始有刻印符咒之事。此與十九世紀後半時期日本吸收西洋文明之情事頗相若，惟當時中國地位，適與今日西洋地位相埒耳。當時中國人往日本傳教者，實繁有徒，日本派遣學生往中國留學者亦衆。歸國之學生，灌輸中國文化，改革日本習俗，俾得與中國相頡頏。蓋當時世界最有文化之國家，固莫如中國若也。七〇一年，舉行祭孔典禮。七〇八年，造幣廠成立。七三五年，新都奈良大學聘一嫻習中國文化之學者爲校長。新都一切布置，悉模仿中國長安京城。此時吉備眞備留學中國十九年，回國服務，採用中國風俗制度不少。日本語言中所謂片假名者，即吉備眞備所發明也。吉備眞備又爲聖德皇后之師傅，第一次雕板印刷之告成，即聖德皇后之旨意也。

日本當時崇拜中國文化之熱忱，可觀近代日本人所著景教流行中國碑考。其言曰：『七世紀八世紀間，長安事物殆無不爲奈良京城所仿效。長安宮殿，如髹爲紅色，則奈良宮殿，亦必漆以紅色。如中國各省皆有省立之佛寺，則日本亦仿行之。中國皇帝生辰，如成爲休沐之日，則日本皇帝生辰，亦爲全國人民之假日。如中國士紳喜爲足球，則日本貴族亦將仿行之。推而至於日本佛教，亦多淵源中國。」

日本情形，與中國同。雕板印刷發明之前，卽多使用印章。據日本紀所載，六二九年，應用國璽。七〇四年，各省官印，多兩寸見方。七三九年，伊勢神社，亦頒有此同樣大小之印章。此項印章之使用，自係摹仿中國成法。據日本紀所載，則知上項印章亦多以木刻成。六九二年，神道教曾刻一木璽，獻之於皇后。

日本從未被他國克服，故保存古物，異常完備。奈良城中尤然。自七一〇年至七八四年，奈良爲日本新都，所謂奈良時代之事物，目下大都存儲於奈良地方。

奈良所保存之古物中，有印花絲織品，窺其圖案，必爲木板所印成，圖案中有花草、楊柳、錦雞、蝴蝶等等。此項絲織品其中兩幅，均印有年代，一爲七三四年，一爲七四〇年。續日本紀所述『摺衣』

（卽印花之織品）其年代爲七四三年，此外陳列軍用皮帶無數，紅藍紫各色俱備，亦印有花紋於其上，據稱爲九州島南部肥前肥後諸省所製造。其中年代遲早各異。有造於天平十二年八月者，西曆七四〇年也。所印之花紋有不動神像及中文梵文字句，其爲木板摹印，更可徵信。

奈良時代（七一〇——七八四年）佛教在政治上之勢力極爲雄厚。七三二年，日本鑄一大鐘，重四十九噸，爲世界第四大鐘。七三五年至七四九年之間，又在奈良鑄一銅佛像，計五百五十噸。外面塗金重一百五十鎊，因此國庫竭蹶。憲榮高僧在中國留學十九年，於七三六年回國，攜有佛經五千卷，佛像無數，與聞政治權勢熏灼，直至七四六年方逝世。聖德皇后臨朝，由七四八年起，至七六九年止，其中少有斷續時期，而佛教在政治上之勢力，則以此時爲登峯造極時期。七三五年至七三七年，國內天花流行，皇后延聘一百六十僧人唪經驅疫。高僧道鏡，爲皇后之御醫，亦爲其高等顧問，國有大事，必預咨焉。實際上，道鏡已成爲日本之皇帝，惟無其名耳。道鏡居宮中，其所受種種尊號，皆皇帝之尊號也。

聖德皇后熱心佛教如此，其爲世人所稱道者，則刻板印行佛教符咒一百萬張，分置於一百萬小木塔中。七七〇年左右。此事始厥告成功。（據續日本紀，年代爲神護景雲四年；東大寺要錄，則標明爲天平寶字八年。）此事在世界史中，應居重要位置，幸而在日本史中，班班可考。日本正史，及寺院中紀錄，無不述及此事。至此項符咒今日各寺院中仍多有保存之者。

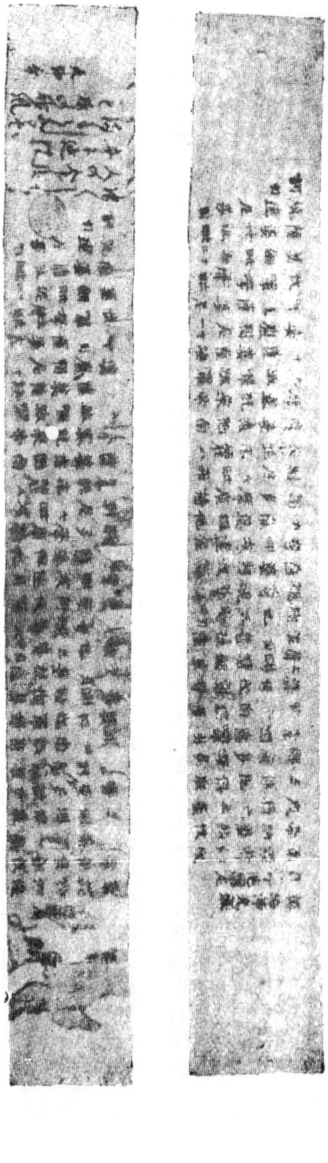

世界最早之印刷物

七七〇年左右，日本聖德皇后所印之中文及梵文符咒，藏於日本各寺院中，迄今猶有存者。

British Museum (6×46 公分)

續日本紀記載此事，其文如下：『神護景雲四年四月，（七七〇年，）適逢八年內亂終止之時，皇后誓願造三層小塔一百萬枚，每塔高四吋半，塔底對徑爲三吋半，每一小塔均置有符咒六種，此項工作告成之後，卽以之分配於國內各寺院。』據東大寺要錄所記，對於製咒之方法，更能爲撮要之敍述。其言曰：『天平寶字八年（七六四年）廟之東西各築兩廡，以儲小塔。當時製造小塔共一百萬座，以之分配於大小寺中。每一小塔內均藏有木板刻印（摺本）之無垢淨光大陀羅尼經咒文。』

關於印行經咒一事，上兩書所記載者，固爲絕妙之參考。然該項咒文至今猶能存在，更足以資吾人之徵信。大和省之法隆寺，藏有此項小塔及咒文甚多。倫敦大英博物院，藏有此項符咒三張，德國來比錫博物院（Leipsic），藏有此項符咒一張，每張長十九吋，寬二吋，咒文共三十行，每行五字。符咒共有六種，故不甚一律，所用紙張亦有二種，一種厚而有毛，一種薄而韌，光滑不甚吸墨。咒文經過時代甚久，故皆作棕黃色，當時雕板究爲木刻或銅刻，此時無從得悉，然大要爲木刻也。

由此觀之，初期之刻板印刷，實基於佛教之宣傳。梵文中之無垢淨光大陀羅尼經（Vimala

Nirbhasa Sutra）共分六部，每部有一故事，故事之後，附以符咒，故事所以解釋符咒之用法。七〇五年，彌陀山遂譯是經（譯者按：無垢經係唐代彌陀山與法藏等所合譯，此據宋高僧傳。）在日本印行符咒之前六十年，其所譯者爲故事一部分，至咒語則僅譯其音耳。故日本所印之咒文，亦卽此種漢字譯音而已。今摘譯無垢經一段故事於下，以便明瞭佛教徒對於此項符咒之用法：『某次一婆羅門僧獲病，往園中謁見一預言者，告之曰：汝病七日必殆。此人爰往見佛陀，願爲弟子，以便獲救。佛陀語之曰：某城之塔，卽將陷落，汝其往修之，書咒置其中，讀此咒可延汝年，而登天堂。此人復問咒文如何可以生效？佛陀告以預寫咒文七十七張，置塔中，頂禮膜拜，若以泥造塔七十七座，座置一咒，其功德亦同。如此則罪惡可蠲，生命獲救，咒文之用蓋如此。塔高可自一吋至十八吋，十吋亦可，如造塔頂禮之人安心膜拜，必有異香自塔噴出。菩薩云：吾一心念咒持律，讀茲咒者，蓋有九十九萬九千菩薩。凡誦咒文者，罪惡可蠲，寫此咒每種九十九張，置於塔中，焚香陳花於其前，誦時繞塔七週，則福德自爲無量。』

佛陀所言之數目，與菩薩所言之數目，少有出入。聖德皇后爲延年益壽起見，遂敕刻印咒文百萬張，世界印刷術之發明，亦遂於此植其基礎，然最初刻印咒文之目的，則並未能達到，蓋塔咒分配之後，皇后亦薨，然印刷之精神，則繼續沿用，至今不絕，其爲世界文化上之一大助力，固無待言。惟吾人不可忘者，卽初次所刻之書，爲印度語言，中國文字，而印於日本者也。

聖德皇后歿後十三年（七八二年），桓武天皇以神武之資，君臨日本，因奈良地方佛教勢力太盛，遂遷都以避之，（譯者按：新都名平安京，卽西京。）從此政治亦脫離宗教關係矣。此後二百年間，日本史乘中，關於印刷事業，無甚紀載。直至九八七年，印刷技術，始復由中國輸入日本，而此時印刷術之在中國，則固大有演進也。

第八章　最初之雕板書籍——八六八年之金剛經

試展中國地圖，則見有狹長之省分，形如半島，名爲甘肅省，伸入突厥斯單之沙漠中。此狹長之甘肅省，在中國文化史中，有其特殊之意義。當時中國與西北各國通商用兵，均不得不經過甘肅，沿此路線而往來居住，遂成爲狹長形之中國領域，形如鍋柄，柄之極端有城曰敦煌，附近有山，名千佛洞。中國因氣候潮溼關係，不能保存最古之抄本書；反之，在東突厥斯單地方，其氣候頗似埃及，凡瘞於沙土中之物，大率易於保存，歷久不壞。因此突厥斯單一地，可稱爲世界古物保存所，而千佛洞一地，有突厥斯單之氣候，亦遂能保有中國文化之遺藏，如最早之中國抄本書，即在此中發掘問世者也。

敦煌抄本書之發現，其經過情形，甚爲奇異。千佛洞之一面，刻有無數佛龕，其爲佛教信徒頂禮膜拜，殆已一千五百餘年，其中有兩龕，所雕佛像，均甚偉大，每像高至十九呎，有一佛像，所刻年代爲

敦煌千佛洞

最初之雕版印刷書，八六八年之金剛經，卽於此處發現。 Stein's Serindia

紀元後六九八年（唐武后聖曆元年，）至千佛洞最早之設置，則爲三六六年（晉帝奕太和元年。）

此處佛龕爲考古家所最喜研究。至吾人所最注重者，乃在封閉甚久之藏書石室。此石室於一九〇〇年（光緒二十六年，）爲一道士所發現。道士游乞四方，欲以化募之錢修理佛龕一處，無意之中，忽發現壁畫內部匪以石鐫，乃由磚製，爰壞其壁畫若干，磚既破損，遂發現一石室，其中均滿貯書籍。七年後，斯泰因來敦煌，得設法入此石室，擕運一部份古物至印度及倫敦大英博物院存儲。其經過情形，可參閱斯泰因所著之書 Serindia 第二卷，甚爲詳盡有趣。（譯者按：羅振玉輯有流沙訪古記，亦可參閱。）

石室面積爲九方呎，高約十呎，其中滿貯手寫書卷。考其年代，則第五世紀初年至第十世紀末年之物也。（譯者按：包括南北朝唐及五代時期。）大約石室封閉在一〇三五年（宋仁宗景祐二年）其用意在防備上項古物流落於敵人手中。其封閉甚爲嚴密，故不爲人所注意。直至一九〇〇年，始爲人所發現。此一萬五千卷之書籍，皆抄寫如新。石室封閉後一百年，紙張始輸入歐洲。

石室藏書，共有一千一百三十捆，每捆有書十數卷，以布包裹，縫級甚密，斯泰因向道士購得三千卷，運至倫敦。翌年法國著名漢學家伯希和教授，亦來煌敦，參觀石室，購去三千餘卷。以上書籍，均爲中國文字寫成，亦間有西藏文字梵文，窣利文(Sogdian)伊蘭東部文字，回紇文（Uigur 即突厥文）寫成有一册爲舊約聖經，係以希伯來文寫成者。

此最古之圖書室，封閉殆九百年，發掘之後，而後最古之刻本書，始得與世人相見。此書名金剛經，刻者爲王玠，發現之者，則斯泰因也。此書刻印尚精，保存完好，足以證明當時印刷之進化，已經過甚久長之時期。如以之與谷騰堡時代以前之歐洲刻書相較，亦覺進步多多。全書本文六葉，木刻圖畫一小葉，皆黏成一長手卷形式，共長十六呎，刻印之精，與篇幅之整齊，以之與日本所刻經咒比較，則當時日本所刻，幼稚多矣。每葉長二呎半，寬一呎，其刻版之大，可以想見。卷末有『咸通九年四月十五日，王玠爲二親敬造普施』等字樣。

關於王玠，載籍中並無其他記述。要之世人所知最早之刻書人，殆舍彼莫屬。其刻印金剛經之動機，亦於其書尾可以得悉。金剛經爲中國日本及中亞最通行之佛經刻本。中文中有二種譯本，一爲後秦鳩摩羅什所譯，一爲唐玄奘所譯。英譯本以蓋邁爾(William Gemmel)所譯者爲最佳。石

世界最初之雕板書籍——八六八年之金剛經

王玠所印。一九〇七年斯坦因發現。此手卷計十六呎長，一呎寬，係用紙七張黏貼而成。 British Mnseum

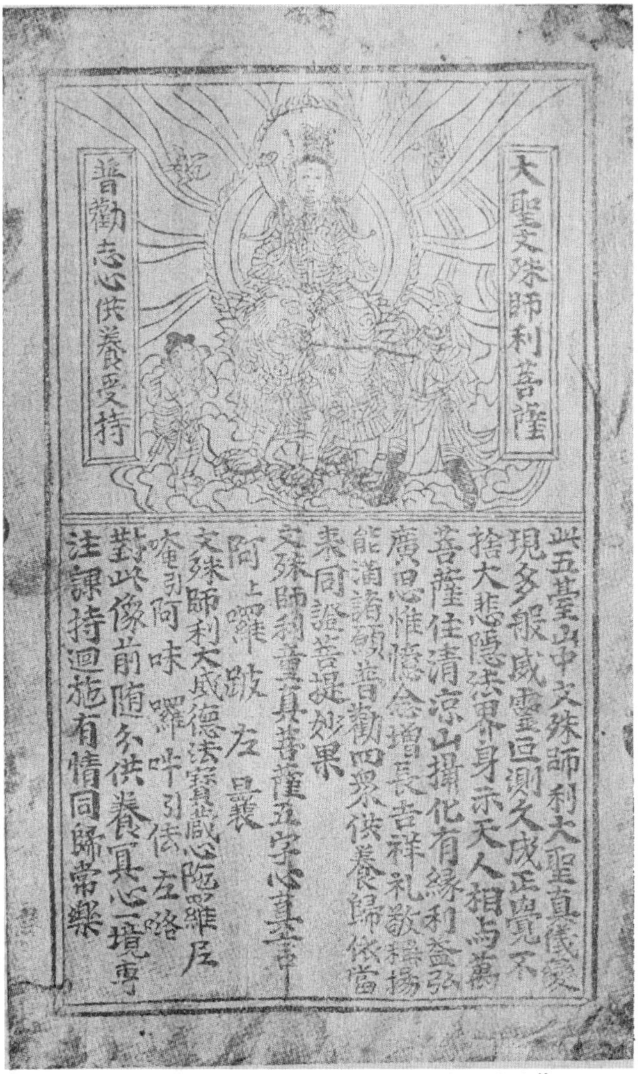

雕版印刷之還願詞，發現於千佛洞中。約係九五〇年之物。
British Museum (31×20 公分)

室刻本，則鳩摩羅什之譯本也。金剛經所記，皆佛與其老弟子須菩提之談話。論題則爲一切事物皆不存在之說。其大部份理論，多深微奧妙。而作者對於所作之書，固自視甚高。經中屢有言及，佛告須菩提：『若復有人於此經中，乃至受持四句偈等，爲他人說，其福甚多。』（如法受持分第十三）又言：『是經義不可思議，果報亦不可思議。』（能淨業障分第十六）『若是經典所在之處，卽爲有佛，若尊重弟子。』（尊重正教分第十二）『須菩提，若有善男子善女人，初日分以恆河沙等身布施，中日分復以恆河沙等身布施，後日分亦以恆河沙等身布施；如是無量百千萬億劫以身布施，若復有人，聞此經典，信心不逆，其福勝彼，何況書寫受持讀誦，爲人解說？』（持經功德分第十五）此種求功德之方法，佛教徒至今猶堅決信仰。予在哥倫比亞大學，曾遇一中國學生，其人曾發一願，謂俟其母重病獲愈，彼當書寫金剛經五遍云云。嗣後其母病愈，彼果抄經五遍，則唐人王玠之刻板傳播佛經，以爲其父母布施福德，亦無足怪。

刻書風氣初起之時，抄寫佛經，仍舊盛行。金剛經雕板印行後，爲時可一百五十餘年，抄本不絕於世。敦煌書籍中，所有刻本，總計不過三四種而已。

單葉文字刻印，其進步似較刻書爲尤速。敦煌石室中，有此類印刷品數十張，皆爲宗教性質，非符咒，卽還願詞也。還願詞尤夥。當時富人還願，喜於神位前繪製佛像，佛像之下端，則繫以施主之姓名。貧者不能覔人繪像，自樂於施用繪像之副本此項印刷品之來源，大概如此。往往高可一呎許，闊爲七八吋，上半多爲觀音像，及其他佛像下半則爲讚佛之文字，此種印刷品，有爲一板所印成者，有爲兩板所套印者，人工設色，與歐洲早時期之畫像印刻，殆絕相類。其中若干佛像，尙有掛紐，粘存於其上。

敦煌所發現之刻印符咒，其式樣亦不一律。咒文大率爲梵文譯音，其意義多不可曉，略有中文解釋而已。又有一種咒文，謂可免罪，此與谷騰堡所印拉丁文之天主教宥罪書（Latin Indulgence)頗相似。又有木刻之曆書，載明日子吉凶等事。

石室中有一種小佛經，刻印甚劣，然實爲初期裝訂之書，甚爲有趣。初期刻印之書，並非如今日之書，乃爲一手卷式。紀元前一二百年縑帛作書，卽係如此，自造紙發明以後，直至唐末，此風依然未改。唐末印刷發明，始有逐頁裝訂之書，惟手卷書與裝訂書之間，尙有一種過渡時代之書籍，卽以印

敦煌發現之十世紀木刻印刷物。圖中之小佛佗像，昔日皆以木質或金質之圖章集印而成者，此時乃以整幅之板印刷。

The Louvre. Salle Pelliot (33×51 公分)

成之書頁，折疊成書，而不加縫釘，有如今日之鐵路時刻手册。（譯者按：此項書籍，其式樣如同册頁。）

上文所言之小佛經，即係如此。全書共有八頁，印於紙之一面上，折疊之而成書，一邊粘緊，其一邊則可翻閱，與近世書籍同。封面之頁內，且印有印刷之人名及年代（九四九年）印刷術至此，殆沂有現代化雛形矣。（胡應麟

中國書籍之進步

右下角：漢代之縑帛手卷，應用於紀元前二〇〇年至紀元後一〇〇年。

左下角：紙手卷流行於二世紀至十世紀之間。

上：折疊形式（册頁）之書籍，起源於九世紀或十世紀，迄今佛教典籍，仍有沿用之者。

下列中：裝訂形式之書，或係於十世紀或十一世紀時，由西方傳入，現仍普遍採用。裝訂方法極多，圖中之書，係用木板裝訂。Schreib und Buchwessen

少室山房筆叢卷四云：『三代漆文竹簡，冗重艱難，不可名狀。秦、漢以還，浸知鈔錄，楮墨之功，簡約輕省倍前矣。然自漢至唐，猶用卷軸。卷必重裝一紙，表裏常兼數番。且每讀一卷，或每檢一事，紬閱展舒，甚爲煩數，收集整比，彌費辛勤。至唐末宋初，鈔錄一變而爲印摹，卷軸一變而爲書册；易成難毀，節費便藏，四善具焉。』又卷二云：『凡書，唐以前皆爲卷軸，蓋今所謂一卷，卽古之一軸，至裝輯成帙，疑皆出於雕板之後。』）

敦煌石刻金剛經，爲八六八年印刷之物，其他印成之書卷，大率爲九世紀及十世紀初年之物。巴黎倫敦所藏敦煌符咒，其中有年月者，皆在九四七年至九八三年之間。單張印刷物，較書卷更形幼稚。斯泰因以爲單張爲本地印刷，書卷則來自四川。此說果信，則當時中國本部之刻印符咒，爲雕板印書樹之先聲，亦必爲時甚早矣。

其他載籍，關係雕板印刷之事，亦有同樣之紀載。葉夢得石林燕語，引柳玭家訓序云：『中和三年（八八三年），癸卯夏，鑾輿（指唐僖宗）在蜀之三年也。予與中書舍人旬休閱書於重城之東南。其書多陰陽雜記占夢相宅九宮五緯之流，又有字書小學，率雕板印，紙浸染不可曉。』范攄雲溪友議亦云：『紇干尙書乾，苦求龍虎之丹十五餘稔。及鎭江右，乃大延方術之士，作劉宏傳，雕印數千本，以寄中朝。」

據上文以觀，則當時刻書，多印行經典以外書籍，所以便利貧民及初學者，道教徒佛教徒，不過師其遺意耳。當時印刷之術，固極幼稚，然較之第二章所言符咒印章，固已進步多多矣。

上文所引柳玭家訓序，有『字書小學』等語，甚可注意。佛道二宗，刊刻經咒之後，印刷始爲儒者所重視。儒家奉行孔子道義，推進文明，藐視佛道經典，故所刻之書，率爲文學等等。宋、元作者，研究刻書淵源，引用柳玭之語，大率將『陰陽雜記占夢』等字删去，而祇留『字書小學』等語。蓋五代時刻印五經，實導源於字書小學，而不與陰陽五行之書有關係也。

此外尙有兩書，可以引證。朱昱猗覺寮雜記云：『雕印文字，唐以前無之，唐末，益州始有墨板。』國史志證實其說，並云：『所刊印者，多爲術數小學字書』云。

敦煌前發現之字書殘葉，有人謂當時益州（四川）所刊印者，其年代不可考。伯希和謂爲九〇〇年左右所刊刻者，敦煌與吐魯番所發現之印刷物，不屬於佛教經咒者，亦僅此而已。

九世紀中，佛教徒印刷事業，已屬鼎盛。金剛經刻本，可以佐證。惟中國本部，似尚無此種覺悟。九三二年時，雕板印刷，祇有二地，益州其一也。唐代印刷事業，世人初未予以充分注意，直至九三二年至九五三年，唐室已亡，馮道刊印九經，始博得『印刷初祖』之稱譽。馮道以前之印刷事業，祇有少數作家所著書籍涉及其事。一九〇七年，金剛經刻本，始行發現，前此作者對於初期之印刷術，固無確切之知識云。

第九章　馮道刊印九經（九三二——九五三）

（五代時期——九〇七年至九六〇年）

十世紀以前，卽唐末以前，關於雕板印刷事業吾人所知，僅有日本聖德皇后頒印符咒一百萬張，以求長生不老；王玠爲其父母施捨刊印金剛經。柳玭在蜀，所述蜀中刻書之事，如此而已。此後印刷史中負盛名者，厥惟五代宰相馮道，以刊印九經而得名。

吾人研究馮道刻經，應先注意其背景，因此亦不得不注意於四川。唐代文化之重心，率在中國西部，而不在東部，此因當時中國國際關係，偏於西域一帶。唐代京城長安，又爲今日陝西之西安，日本所吸收之中國文化，卽此長安之文化，日本學生來華，亦在西京攻讀也。

唐室衰微，此文化之重心，乃更向西推進。唐僖宗中和元年（八八一）黃巢入長安，僖宗幸益州避之，卽今日之成都。僖宗居蜀五年，以十萬人繕治城垣，周圍可八哩許。成都人民，殆亦以帝都視之矣。僖宗居蜀之時，柳玭始得見雕本書出售。中國載籍關於雕板書之紀述，自以柳玭爲最早。僖宗返長安後，其蜀中將帥，歡迎僖宗入蜀者，勢力日張，而王建實爲之首。及至唐亡，（九〇七年）此人遂割據四川，及其附近諸地，自稱爲蜀國矣。

唐室亡後，五代繼之。五十年間，疆土日蹙，政治日紛，惟蜀地文物昌明，民安其業，號爲文化區域。王建之後，（九〇七——九一九）繼以王衍，（九一九——九二九）隨則孟知祥（九三四）主蜀，傳至孟昶而亡。除九二九年至九三四年少有紛亂外，餘皆郅治之世也。

研究中國印刷史者，不可不注意蜀之史乘，其理由蓋有數焉。益州爲印刷導源之地，且所印者，非盡宗教書籍。（參閱上章所引柳玭、朱昱諸人之語，）中國載籍述之最早。蜀地多官家印刷之所，不僅刊印書籍，且印行紙幣，（參閱本書第十一章。）馮道雖爲印刷之初祖，然據彼自言，則渠之計劃，亦仿自蜀都也。

蜀於九〇一年獨立，（唐昭宗天復元年，）王衍仿效漢、唐諸帝刊刻石經遺法，在益州勒石刻經。（麟生按：先伯健之府君，印有孟蜀石經八大册，計公羊穀梁左傳周禮殘本共四萬六千四百餘言，徵求名人書畫題詠殆遍，民國十四年出版，惜著此書者未之見也。）

此後數十年間，蜀地木板刻書事業蒸蒸日上，吾人應歸功於其政治家毋昭裔。舊五代史漢隱帝紀注，引王明清揮麈錄云：『毋昭裔貧賤時，嘗借文選於交游間，其人有難色。發憤異日若貴，當板以鏤之以遺學者。後仕王蜀爲宰相，遂踐其言。』此爲官本之始。舊五代史注，又引愛日齋叢鈔云：『通鑑載後唐長興三年二月辛未，初令國子監校定九經，雕印賣之。』又曰：『自唐末以來，所在學校廢絕，蜀毋昭裔出私財百萬營學館，且請板刻九經，蜀主從之，由是蜀中文學復盛。』

此時中原地方政局鼎沸，迭相雄長，後梁、後唐、後晉、後漢、後周，此仆彼繼，號稱五代。馮道仕於後唐，頗多建樹，歷仕四代七君。依然保存其相位。故中原文物典章，仍有其連貫性者，大率馮道協贊樞機之力爲多。九二九年，（唐明宗天成四年）乃馮道爲相之第三年，亦毋昭裔初次相蜀之日，後唐克復蜀國，統治之者五年。此五年中，蜀中文化事業，爲馮道所仿效者，蓋有二端。一爲刊印石經，一爲雕板刻書。馮道及其同僚，深悉此事之重要，故於九三二年，（唐明宗長興三年）奏行此事，遂開中國文化上之新紀元，再越二年，蜀復稱帝，又不爲後唐所有矣。

册府元龜云：『後唐宰相馮道李愚，重經學，因言漢時崇儒，有三字石經。唐朝亦於國學刊刻。今朝廷日不暇給，無能別有刊立。嘗見吳、蜀之人鬻印板文字色類絕多，終不及經典。如經典校定，雕摹流行，深益於文教矣。乃奏聞。』（按册府元龜爲宋王欽若、楊億所編。）

然馮道諸人當時所注重者，並不在雕板，而在刊正九經。彼以爲刊正九經，乃正統朝代應有之特權，不宜拱手讓之於僞國。且當時精研經學者，對於經義頗有發明，不宜墨守漢、唐諸人講經意旨，故國家應爲士人樹立楷模。至刻書用木不用石者，則以當時府庫空虛，爲一時權宜之計，不得不如此，非不欲效漢、唐、蜀，勢不可也。

關於馮道等奏請刊刻九經之事，册府元龜所紀獨詳，亦最早，其他載籍，亦多有紀載之者。今彙錄於次，以資比擬。

册府元龜云：『長興三年四月，敕，近以編註石經，雕刻印板，委國學每經差專知業博士儒徒五六人勘讀並註。今更於朝官內別差五人充詳勘官。……朕以正經事大，不同諸書，雖已委國學差官勘註，蓋以文字極多，尙恐偶有差誤。……更令詳勘，貴必精研。』

舊五代史漢隱帝紀：「乾祐元年五月，國子監奏周禮、儀禮、公羊、穀梁四經，未有印板，欲集學官考校彫造，從之。」

舊五代史唐明宗紀：「宰相馮道、李愚，請令判國子監田敏校定九經，刻板印賣，從之。」

舊五代史周書馮道傳：「唐明宗時，以諸經舛謬，與同列李愚，委學官田敏等，取西京鄭覃等所刻石經，雕爲印板，流布天下，後進賴之。」

宋史儒林傳：「田敏後唐天成初爲國子博士，詔與馬縞等同校九經。晉天福四年，授祭酒。敏雖篤於經學，亦好爲穿鑿，所校九經，頗以獨見自任。」

五代會要：「長興三年二月，中書門下奏請依石經文字，刻九經印板。敕令國子監集博士儒徒，將西京石經本，各以所業本經，廣爲鈔寫，仔細看讀，然後僱召能雕字匠人，各部隨帙刻印板，廣頒天下，如諸色人要寫經書，並請依所印刻本，不得更使雜本交錯。」

玉海：「後唐長興三年二月，令國子監校正九經，以西京石經本抄寫刻版頒天下，四月命馬縞、陳觀、田敏詳勘。周廣順三年六月丁巳，十一經及爾雅、五經文字、九經字樣板成，判監田敏上之。」

玉海：『周顯德中詔刻序錄易書、儀禮、周禮、四經、釋文，皆田敏、尹拙、聶崇義校勘，自是相繼校勘禮記、三傳、毛詩、音，並拙等校勘。』

陶岳五代史補：『後唐平蜀，明宗命大學博士李鍔書五經，仿其製作，刊板於國子監，爲監中刻書之始。』

沈括夢溪筆談：『板印書籍，唐人尙未盛行，爲之自馮瀛王，始印五經，自後典籍，皆爲板本。』雕板校勘爲時可二十一年此二十一年中，外侮侵尋，朝代更迭。馮道保持相位，依然勿失，田敏諸人之校勘事業，亦未中斷。中國在今日內亂俶擾之際，猶能研求教育，孜孜不倦，則當日國子監及校勘官，於干戈擾攘之際，猶得從容於纂述事業，殆亦可能事也。

九經版，成於周太祖廣順三年。（九五三）五代會要云：『尙書左丞兼判國子監事田敏，進印板九經書五經文字九經字樣各二部，一百三十册。田敏奏文，歷敍校勘雕刻之困難，其文如下：「臣等自長興三年，校刊雕印九經書籍，經注繁多，年代殊邈，傳寫紕謬，漸失根源。臣守官膠庠，職司校定，傍求援據，上備雕鏤，幸遇聖朝，克終盛事，播文德於有截，傳世教於無窮，謹具陳進。」』（參閱五代會要及册府元龜諸書。）

此時蜀中刻書，仍形活躍。毋昭裔刻書，旣與馮道以一大推激。其在蜀中刊刻九經仍進行不懈，惟吾人關於毋昭裔刻書之事迹，紀載甚少，大約與馮道刊印九經，同一時代。（民國十二年國學季刊中有王國維所著五代監本考，討論此事甚詳。）

中原巴蜀，旣相繼努力於刻書，而所注重者，則爲校訂經文。於是昔日印章之印字，今遂用爲印刷之印字。當時刊刻九經，始意並不在傳布書籍，乃在校勘書籍。故馮道歿後百餘年（一〇六四年以前，）政府率禁止私人刊印經書，以免經文舛錯，貽誤學者，刻經一事，大率認爲國家之職掌也。

馮道所刻九經，後世無有傳本。日本有李鍔所書爾雅，今印於古逸叢書中，題爲『影覆宋蜀大字本爾雅。』據伯希和王國維考訂，以爲宋翻李鍔板本精印者，與原本殆相去無幾，馮道書影，於此亦可以窺見一二。原書葉式，猶與唐抄本相仿佛，每半葉有字五行，每行有十六字至二十一字。

敦煌石室中所發現之印刷物，其年代與馮道刊印九經之年代相去不遠，倫敦巴黎所收藏之書籍，其中有年代者，計九種，（重複者不計）六種書籍中之年代，爲九四七年至九五〇年，其他印

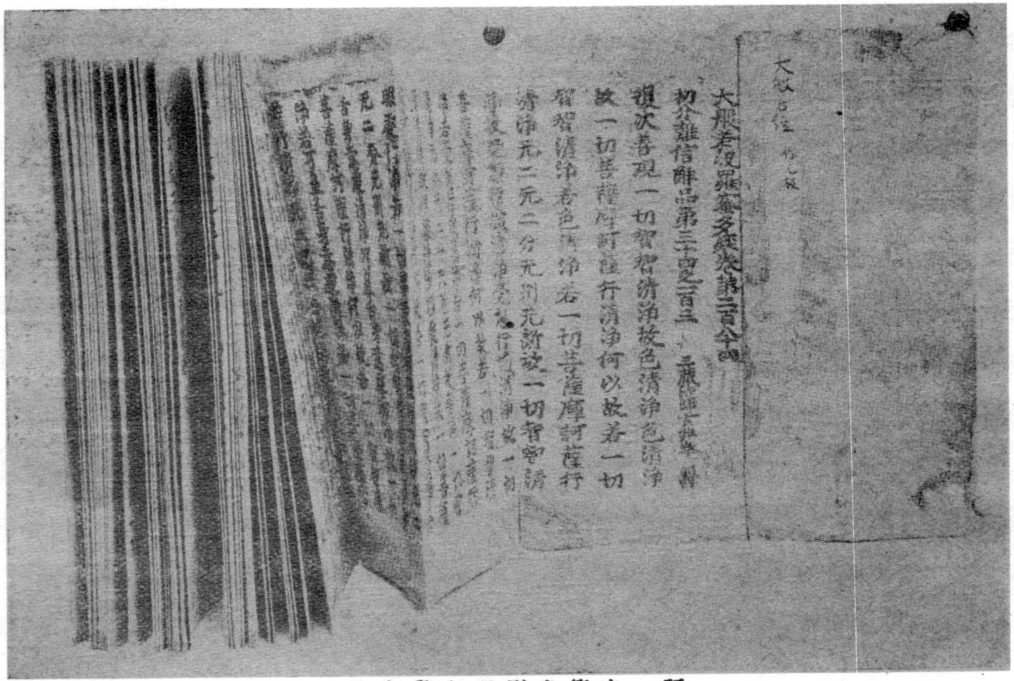

日本最初印刷書籍之一種

金剛經之一部分，玄奘由梵文譯爲華文，日本於一一五七年加以印刷，裝成冊頁形式，此式中日佛教典籍多採用之。British Museum

刷物年代，亦與馮道年代相仿佛。吾人應知國子監爲儒家事業，敦煌古物爲佛教事業，當馮道刊印九經之時，佛教印刷事業固亦進行不已，如日中天，延至宋代，遂有刊刻大藏經（Tripitaka）之盛舉，本書次章，當申述之。

佛教印刷品，於馮道時代，輸入高麗。高麗最早之刻書，當推佛說父母恩重經，（見平津館讀碑續記，）此經非由梵文譯成，乃用中文編著，其年代爲九五〇年。

馮道諸人之在中國，亦如谷騰堡之在歐洲。谷騰堡之前，歐洲亦有印刷事業，然皆爲試驗時期，谷騰堡印刷告成，而後歐洲文化事業，始有一新紀元。馮道以前，非無刻書之事，然事業湮沒不彰，對於文化事業無甚影響。自馮道刊印九經之板告成，而後始有文治昌明之宋代。吾人如諡馮道爲發明印刷之人，亦覺言過其實。蓋馮道之前，早已有印刷事業，馮道既不知印刷之技術，亦未能改良當時印刷之技術。彼身爲當時宰相，深悉印刷術之重要，鼓勵刻經，廣播於世，如此而已。故在中國史乘中，馮道儼然佔有發明人地位，其實發明印刷之功，固應屬之於若干無名英雄，馮道亦不能獨擅其美譽也。

第十章　中國雕板印刷最盛時期

（宋元時代——九六〇年至一三六八年）

五代時期，藩鎮迭相雄長。九六〇年，趙匡胤以節鎮而受周禪，改國號曰宋，統一於焉告成；文治昌明，步武唐室。唐代武功彪炳，遠與西方交通，乃中國朝氣最盛之時，宗教信仰，詩詞抒情，率於此時稱極盛焉。宋代外寇侵尋，頓與西方隔絕，亦如人之由少入壯，其詩學發達不如唐，而散文發達則過之，至其他正史之纂輯，自然科學之探討，以及政治經濟之論著，除希臘時代稍有此種貢獻外，其他各國無論中外，均難與宋代文化相比擬。宋代宗教信仰，無甚可言，而哲理推論，則有顯著之進步，其所發展之理學，至今猶能支配中國人之思想，藝術方面則昔時所發展者，此時得臻盡善盡美之領域，目下中國所存之最好字畫，皆宋代之作品也。

唐代發明之物，至宋多見諸實用。古代指南針之爲用，大率視爲玩具，或以之談風水，至宋則用諸航海方面。火藥本爲鞭炮之用，至宋則用之於作戰。宋代瓷器，製作尤精，有輸至敍利亞及埃及者。

印刷之在宋代，其進步亦復如此。唐末印刷事業，雖有佛教徒提倡，仍在草昧時代。五代干戈俶擾，印刷則大踏步以前進，馮道刊印九經，距宋興爲時不過七年，故馮道刻經事業之結果，至宋代而始大著。蓋九經刊印之後，儒術始大昌明，能取前此佛教地位而代之，造成文藝復興時代。此與歐洲文藝復興經過情形頗相似，兩者皆有印刷術之發明爲之佽助。中國史家之重視馮道，自非無故。馮道刻經之後，公私印刷，均形活躍，終宋之世，罔不如是。

以雕板精善而言，中國歷朝印刷，殆無能超過宋代。其書寫端正，雕刻精準，實可爲後此印刻之楷模。宋人刻書之注重楷法，可於其題註作者地方證之。往往以刻書之人名與作者之姓名，併置一處。印刷之技術，至宋而益形改善，活字之發明，亦爲宋人，其詳當俟諸本書第二十二章。

宋代印刷事業之組織，與前此並無大異，由國子監掌管其事。初次所刊印者，爲五經正義，太平廣記，說文等書。關於紙墨用費，詔令悉照前此刊印九經成例辦理。主管其事者，爲益州句中正。（參閱中國雕板源流考第六頁所引天祿琳瑯語）五經正義印成爲一百八十册，後有刊誤表，總計刊誤之處，爲九十四處。

九六五年，（宋太祖乾德三年，）蜀地告平，於是蜀都印刷事業，與中央印刷事業，亦形成統一。蜀地印刷事業之發達，自以毋昭裔提倡之力居多。此時年事漸高，隱居林下，詔令入朝，優禮備至。毋昭裔所刻之書奉令悉頒布天下。（參閱王明清揮麈錄）

十世紀初年，詔令刊印正史，書成共數百册，費時七十年，其事亦由國子監掌管。（玉海云：淳化五年七月，詔選官分校史記前後漢書，咸平三年十月，校三國志晉唐書，乾興元年十月，校定後漢志三十卷，天聖二年六月，校南北史隋書，四年十二月畢，嘉祐六年八月，校梁陳等書，鏤板，八年七月，陳書始校定。）

一四六三年以後，國子監之事業，迄無所聞。此後宋敗於金，遷都臨安，（杭州，）禍亂侵尋，迄無寧日。一一三九年，（宋高宗紹興九年，）詔令取舊監本九經鏤板頒行。（參閱中國雕板源流考第十一頁。）據李心傳朝野雜記所載，則正史亦在當時刊印之列。

此時私人鏤板刻書之事業，亦日興而月盛。吾人所藉以爲參考資料者，僅有宋板書之封面而已。雖材料散漫，不甚完全，然所知已屬不少。據葉德輝書林淸話卷二所記，則臨安陳起宗在杭，設有書肆，名芸居樓，刻書甚多。當時詩人多有投贈之什，其子孫踵其業不衰。此外又有臨安之尹氏，建安之余氏，均以刻書稱於時。建安在福建省，與朱子生長之地爲近。余氏刻書，始於宋初，延及明代，可四百年。現存宋板書，多有余氏父子祖孫名字，蓋宋板書之最精者也。書林淸話卷二云：『夫宋刻書之盛，首推閩中，而閩中尤以建安爲最，建安尤以余氏爲最；……宜其流傳之書，爲收藏家所寶貴矣。』此後南宋爲元所滅，一二六五年至一二七五年之間，元世祖令敕封閉余氏書坊，其詔書今仍載於元史中。嗣後余氏書坊重整旗鼓，爲時又一百餘年。（葉夢得云：天下印書，以杭爲上，蜀次之，閩最下。余所見當今刻本，蘇常爲上，金陵次之，杭又次之。近湖刻歙刻驟精，遂與蘇常爭價。蜀本行世甚寡，閩本最下，諸方與宋世同。）

宋初坊間所刻書籍，大率爲五經正義及史書，與官家所刻，殆無異致。中國崇聖尊經，視爲一種功德，故敬惜字紙之風，至今猶存。當時私家刻書，亦必選取最莊重最有價值之書而刻之。中國雕板源流考引高文虎蓼花洲間錄，謂『宋初已有書肆，印賣新狀元賦，如後世印賣鄉會試卷之例，坊刻之多可知矣。』此外各地方印行方志縣志，亦復不少。宋末則多印行文集，詩集及農業植物諸書。宋板書現存無幾，故藏書家視爲瓌寶。亞歐大圖書館中，率有其書。中國私人所有者，現多影印問世，計二千一百册。翻閱宋元書影三百餘册，即可知當時印書內容如何。方宋元刻書之際，威廉勝王（William the Conqueror）正不時侵伐英國，一般諸侯，要求約翰王（King John）頒布大憲章，十字軍紛紛出發，以爭回聖地爲榮；此時中國所刻之書，大率以正史爲多，其次則爲詩文集及經義理學諸書，大抵卷帙浩繁；此外則有若干農書，刊印行世。

至關於宋時刻印書籍工價，可參閱天祿琳琅一書，此書刊印爲一一七六年。今錄一段如左：

> 牒令具大易粹言一部，計二十册；合用紙數印造工墨錢下項紙副耗，共一千三百張，背青白紙三十張，倂墨糊藥印背匠工等錢，共一貫五百文足，賃板錢一貫二百文足。本庫印造見成出賣，每部價錢八貫文足。右具如前。淳熙三年正月日，雕造所貼司胡至和具。杭世隆儒學教授李清孫，校勘無差。

宋代文化雖極昌明，而兵力單弱，禦侮失敗，始困於遼，（契丹）繼敗於金，金爲滿洲人之先祖，

宋代佛像木刻 Museum für Völkerkunde (27×44 公分)

席捲黃河以北之地，宋則遷都臨安以避之，號稱南宋。至一二三五年，金又爲蒙古人所滅，五十年後，宋亦被滅於元。然以文化而論，異族入主中原之後，往往爲中國文化所同化，遼與金戰，金與蒙古人作戰，不啻均爲中國文化作一番保障也。

遼代刻書其詳不可得聞。據遼史記載，聖宗開泰元年八月，那沙國乞儒書，詔賜易詩書春秋禮記各一部。一四五六年，（遼道宗清寧元年宋仁宗至和二年）詔設學，頒諸經義疏，沈括夢溪筆談：『契丹書禁甚嚴，傳入中國者，法皆死。』吾人所知，僅此而已。

據金史元史所紀，則一一三〇年（金太宗天會八年）『立編修所於燕京，經籍所於平陽，』距佔據華北之時，已有五年。平陽刻書之盛，終金世不絕。（參閱書林清話卷四）一一九四年，（金章宗明昌五年）置宏文院，譯寫經書。惟金代譯寫各書今無存者，現存宋板書中，倘間有金代年號，此足徵當時北方人士，刻書誦讀，與南方蓋無大異。

元人於一二三五年滅金，於一二八〇年平宋，對於中國文物典章，無甚改變。國家印刷事業，亦與前朝無異。惟刻書之範圍，則較廣。所刻者，有醫書曆書及戲曲。（原註：科司勞夫（Koslov）藏書中，有元刻唐孫思邈所著千金方及劉知遠傳；至元人刊刻曆書事，則見何完斯（H. H. Howorth）所著蒙古史（History of the Mongols）及玉爾（Yule）所著馬可波羅傳（Maro Polo）。〕刊印戲曲一事，吾人最宜注意。蓋小說戲劇，在中國文學中取得相當之地位，其事實始於元人。元人蓋受波斯文化之影響，此亦足證東西文化之結合，實由於政治上之結合也。小說戲曲，爲通俗文學，故戲曲印行之後，則印刷術亦可謂深入民間矣。科司勞夫（Koslov）藏書中，有木刻傾國傾城圖，（譯義，）亦通俗印刷之一種也。

參考各方載籍，則元代印刷之數量，較前大有增加。元亡後一百餘年，即谷騰堡時代以前百餘年，印刷數量，仍增加不已。十五世紀初年，即谷騰堡出世之時，亦即高麗盛行鑄字之時期，中國雕板印書事業，殆可謂達於極盛時代。洪武二十四年，詔頒國子監子史等書於北方學校，每年刻書之多，前朝殆無可比擬者。惟中國藏書家，以其刻印不精，亦不甚重視之也。

關於官家刻書一事，元明史乘，多有紀載。元世祖攻破南宋都城臨安，捆載官板以歸，江西官板，亦輦運至北都。一二三六年在燕京所設立之編修所，至此更予以擴張。一二九三年（元世祖至元三十年，）歸併於翰林苑，刊漢蒙文字書籍。（編修所屢易名字，有祕書監與文署藝文監諸稱號。）一三三〇年（元文宗至順元年）專設一局，以蒙古文字迻譯經書，而刊印之。同年又設廣成局，以刊刻元代祖宗之訓諭。

元板書籍今猶存在，與宋板無甚大異。惟蒙古文書籍，則保存甚少。蒙古人在東征西伐時代，幾無文字可言，至成吉思汗時，始雇用畏吾兒學者，製造蒙古文字。蒙古人既無高深之文學，故在遠東則提倡中國文學，在西方則奬勵阿剌伯文學，其譯印蒙古文經書，不過用以表彰國威，並非爲實用計，故流傳至今者甚少。伯希和先生，在敦煌發現蒙古詩一首，非自漢文譯出者，故甚爲可貴。突厥斯坦所發現之蒙古文佛經殘本四種，與蒙古地方所發現之佛像及紙幣等等，均將於第十四章第十六章，一併研究之。

宋代刻書大率爲聖賢經傳，關於佛道刻書，宋史所紀，幾於絕無僅有，即中國雕板源流考一書，亦羌無紀載。此因儒佛二家，各有領域，不相混淆之故。惟吾人所不能忘者，即印刷初次輸入日本之時，乃佛教之印刷，其輸入中亞西亞者，亦係佛教之印刷，即在中國初次刊印整本書者，亦爲佛教徒，吾人固早已論及之矣。

宋太祖開寶五年（九七二年），有一極大雕板事業告成，卽大藏經之鏤板刊印是也，大藏經爲佛經中之最完備者，其中包括自梵文譯出之經典，與中國佛教徒之著述，共爲一千五百二十一種，五千餘册，十三萬頁，故雕板亦有十三萬塊之多！宋元兩朝，共印刷二十次，而史家竟隻字不提，此則當時儒教復興之影響，有以致之也。

大藏經之印行，在日本高麗，頗大著其效果。九九五年，高麗韓彥恭來，請一部歸國。後高麗顯宗二年，（一四一一年，）敕命刻印藏經，加以修訂。（譯者按：以上參用呂澂佛教研究法第六頁。）全部刻成，爲時十有四年。東京現有大藏經一部，共爲六千四百六十七本，僅缺二本，係一四五七年高麗所印，印成後數年，卽輸入日本，據謂係由海音寺中原板奉敕翻印者，至海音寺之物，乃十世紀木刻也。

九八七年，中國大藏經刻本，由日本僧人奝然，攜至日本。日本稱印刷書爲『摺本，』其淵源實始於此時。日本自七七〇年刻印符咒萬張後，至此已二百餘年，關於印刷事業，史家毫無紀載。彼中印刷事業，或行中輟，或無甚進展，大抵不足供史策之記述矣。

大藏經輸入日本之後，爲時又二百年，日本始有正式刻書之事。一一五七年，日本刊印金剛經問世。目下大英博物院中，仍藏有此書。其他佛經，刊行於一二〇六年至一二二三年之間者，爲數亦日見增加。一二七八年至一二八八年之間，日本刻印大藏經行世，亦如三百年前中國高麗之刊刻此書也。

宋元時代，日本所刻書籍，多爲佛書。以書之性質而言，日本所刻者，與中國大相逕庭，其刻書宗旨，大抵爲父母親戚或自己施捨功德而已。譬如某書尾有云：『現世罪惡，擢髮難數；贖已往之罪，千難萬難，今特刊佈正道，以減吾人之過。』類此之例，至爲夥頤。（參閱佐藤氏日本印書史。）

日本在足利義滿擅權時代（一三三六）卽元亡時代（一三六八）中國文化，又復輸入東洋。宋代文化昌明，可四百年，而日本與中國，殊無接觸。此時中國文明，東向灌注，如百川朝海，令日本吸收宋代之文物不少，而中國適當明代文化中衰時期，反無甚進步可言。日本所印行之書，率爲中國經籍。佐藤曾發現一三六四年日本刻印之論語，其他日本所刻論語，大率在一三六四年至一四四〇年之間。前此日本所刻之書，不外中文所譯之佛經，此時則刊印中國人自著之經書，爲時可二百年。至十六世紀末年，日本始印行自己之著作，如日本紀一書，則係以活字刊印。

佛教刊物之傳布，不僅在東方爲然，卽在西域，亦如此。德國遠征隊在吐魯番地方，（畏吾兒人之中心點，）發現佛教書籍刊物至多，將於本書第十四章敍述之。伯希和君，在敦煌其他石洞中，亦發現有佛經若干册。（見伯希和所著中世紀甘肅藏書錄一文。）

刊印佛經之第三來源，厥惟考司勞夫在蒙古所發現之古物。考司勞夫在黑水城舊城（Kara-Khoto），發掘古物，獲得不少舊刻佛書，均以唐古特文字寫成。唐古特人，爲西藏民族，在成吉思汗東征西伐前二百年，佔據中國西北部及蒙古若干地方。此種唐古特文字，惜未能迻譯成書，此外又獲得中國書籍若干，其中皆有年代，與吐魯番地方所發現中國書無年代者，不同。

黑水城發現最早之書籍，其年代爲一〇一六年五月十六日，（宋眞宗大中祥符九年）此爲第二種最早之書籍。此書與敦煌金剛經刻本相似，均爲折疊式，其文字係另一譯本，不詳何自，較敦煌本爲簡略。每頁摺縫上均印有雕板人姓氏，書尾有出貲刊刻人之姓名。刻書人二人之姓名，及捐資刻書人之姓名，皆見諸陝西方志中，則此書之來自陝西，殆無疑義。當日長安附近刊刻佛書之盛況，亦可以想見矣。

兩宋時代刊刻佛經之事，多屬於平民。黑水城所發現之佛經，有爲唐古特王后出資與刻者，此與宋代風氣迥異。其中又有金剛經一種，刻於一一八九年。

關於唐古特人之刻經，元史中亦略有紀述。一二九四年，詔下玄眞院，停止用唐古特文刊印大藏經。當日東亞人士喜刊此五千册之巨著，殆已成爲風氣。中國日本高麗已有刊本唐古特文之藏經，究竟已刊成多少，吾人固無從得悉。總之黑水城地方所發現之刊物，與吐魯番所發現之刊物，同一意義，蓋兩處地方，皆位於東西交通之要道，其年代大抵爲一〇一六年至一三五二年之間，其地點則與成吉思汗之舊都（哈拉和林）均甚近。

宋代刊印道教書籍甚少，其詳情亦不易得悉；要之道教刻書，其意義殊甚重要，惟其刻書情形，甚少紀述，不若儒佛兩宗之刻書爲可考訂，前已於第二章論及之。唐時道教刻書一事，略見於柳玭之言論（本書第七章），此外葉子戲之印刷，亦與道教有關也（本書第十九章。）

唐代與道教有特殊關係，故老子莊子二書，亦躋於聖經賢傳之列。馮道刊印九經以前，老莊二書，殆已失其固有地位，惟陸德明經典釋文中，尚列有老莊音義，惟此項刻印與道教無涉，當時士人，不過視爲儒家經典之一部份而已。

九五三年，刊印九經，九七二年刊印大藏經。自予道教徒以出版上之刺激。道教經藏於一〇一六年編纂完畢，其刻印年代，大率亦距此不遠。惟目下已無存者，有之亦翻板耳。科司勞夫收藏中，有莊子老子各一種，皆宋刊本；美國國會圖書館有影印宋刻老子，似係此物。

最奇者道教經典中，有二部爲波斯摩尼教（Manicheism）之經典。吾人讀聖奧古斯丁（St. Augustine）著作，知摩尼教之聖經，曾於羅馬帝國末年，傳至北非洲，不謂於歐洲印刷術未發明以前二三百年，中國已有此項刻本，此誠歷史中玄妙不可思議之事也。

道教書籍，不能傳世行遠之故，則以佛教徒假藉帝王勢力，爲之作梗。一二五八年，蒙哥汗（元憲宗）命其弟忽必烈，參加佛道之辯論，研究中亞道教規例之由來。結果，道教辯論失敗，詔令道教書籍鏤板，悉送京師焚之。

回教徒似不喜刊刻經典，元人入主中國，回教徒來者極衆，然所攜之古蘭經，並未付印。祇有一三二八年回教徒印行曆書三百餘萬份，大小三種，載明時日吉凶以爲婚嫁出行裁衣購物之用，此項曆書共分二種，一種係專爲回教徒之用。〔見何完斯蒙古人史（Howorth, History of the Mongols）及玉爾馬可波羅傳（Yule's Marco Polo）。〕

元代流行之宗教中，毫無印刷可言者，厥惟基督教。馬可波羅在鎮江杭州及中亞所見之景教，以及馬氏離開中國後北京福建所盛行之天主教，均未聞有刊刻書籍之事。然佛教刊刻事業，亦僅於佛教書籍中見之。如吾人能獲得元代所印行之新約聖經，則基督教之刊印事業，亦可以略知一二矣。

遠東雕板印書之發達，既如上述。吾人須知在此時期中，距歐洲發明印刷術，爲時尙有四百年，在此期中，又爲蒙古人武功極盛時期。馬端臨文獻通考經籍門，所引葉夢得石林燕語之言論，頗可以之結束本章文字。惟葉氏所處之時代，尙未有大宗刻書事業，即宋人印刷之書亦大抵尙未問世，更不足語於元明刻書之盛也。

葉氏之言曰：『唐以前，凡書籍皆寫本，未有模印之法，人以藏書為貴，人不多有，而藏者精於讎對，往往皆有善本。學者以傳錄之艱，故其誦讀亦精詳。五代時，馮道始請官鏤板印行。國朝淳化中，復以史記前後漢書付有司摹印。自是書籍刊鏤者益多，士大夫不復以藏書為意。學者易於得書，其誦讀亦因之滅裂，然板本初不是正，不無訛謬；世既一以板本為正，而藏本日亡，其訛謬者，遂不可正，甚可惜也。』葉氏以守舊之作家，未及見刻書之盛，故不免鰓鰓過慮若此。要之中國自有印刷事業後，思想方面，始大受衝動，亦猶之谷騰堡歿後百年，歐洲思想界大為活躍也。

第十一章　紙幣之印行

中國古代印刷物，能深入民間，而又爲馬可波羅及其他歐洲旅客所重視者，厥爲紙幣。中國作家，以爲貨幣之爲物，本用之以權貴賤，他項貨品，既可以權貴賤，則紙幣之權貴賤，乃自然之趨勢。紀元前一一九年（漢武帝元狩四年）詔以白鹿皮方尺爲皮幣，直四十萬，（關於貨幣史方面本章多採用馬端臨文獻通考。）百餘年後，王莽作金銀龜貝錢布之品，名曰寶貨，凡五物六名二十八品，貨幣大小相若，而價值不等，遠過於所代表之金屬幣本身價值。

最初之紙幣，說者謂始於唐時。唐憲宗元和二年，因鑄佛像過多，銅縣缺乏，爰禁止用銅爲器皿。『令商賈至京師委錢富家，以輕裝趨四方，合券以取貨，號飛錢。』（唐書）一時錢荒，遂得救濟，然不久仍廢置不用。兩年以後，復以飛錢易鹽鐵，行之不久亦廢。

飛錢必係印行，惟正史並未明言其事，或係書寫之券，加官印於其上，而以騎縫爲憑。此項飛錢，今無存者，有之亦係贋品。

此後一百五十年，未聞有紙幣之事。至宋時始有交子會子之稱。文獻通考詳節云：「初蜀人以鐵錢重，私爲券，謂之交子，以便貿易。後遂置交子務於益州，而禁民私造。熙寧中詔置於陝西，其後旋置旋罷。至大觀初改四川交子爲錢引。」

蜀地刊印紙幣，起於何時，無從確悉，大約在九七〇年以前，蓋蜀地刻書在九三五年至九五四年之間。文獻通考所謂十六富商發行交子，大約爲時不過較此早數年或十數年。蜀既爲刻書之發源地，其後與京師共同刊印紙幣，殆亦意中事也。

雕板與紙幣，既導源於蜀，中樞仿行之，自亦不遺餘力。九七〇年，（宋太祖開寶三年，）京師置局，專理此事。四百年間，繼續發行未已，紙幣遂爲全國主要之貨幣。

九九八年紙幣之流通額，爲一百七十萬吊（每吊爲一千錢，）一〇二二年，增加一百十三萬吊，此後十年之間，發行益多。爲防止濫發起見，一〇三二年，詔令發行錢引，以一二五六三四〇吊爲限。五十年間，遵行此例，迄未聞有所變易。一〇六八年，發現僞錢引，詔令犯者與僞造國璽同一科罰。

一〇六八年至一〇七八年，中國財政方面，發生大改革。此時王安石爲相，其人具有社會主義思想，租稅方面務令其平民化，因此守舊黨反對甚力。王安石設法維持紙幣之平價，行之數十年，甚著效果，後此廢棄其法，紙幣之價值逐日形低落。

一〇九四年至一一〇七年之間（宋哲宗徽宗時代）貨幣膨脹，一一〇七年所流通之貨幣，二十倍於一〇二三年。一一〇七年，詔發行新錢引，每千錢當四千錢使用，不久千錢只可作十錢使用而已。

十二世紀中，中國與女眞屢屢交戰，華北爲女眞所佔，號稱金；朝戰敗之後，賠款輸地，幣值更形低落；當時臨安印刷紙幣之忙碌，殆不減於一九二三年之柏林。濫發紙幣，雖有時停止若干時，但不久故態復萌，紙幣直等於廢紙矣。

一一二七年，徽欽二帝，爲金人所擄，華北永淪於金人手中。南宋偏安江南，紀綱廢弛，紙幣濫發如故。每次戰敗於金，必輸送金銀絲綢等物於金，因此紙幣之濫發，爲前此所未見。『宋孝宗乾道三年，度支郎中唐瑑言，自紹興三十一年至乾道二年七月，（一一六一年至一一六五年之間）共印過會子二千八百餘萬兩。』紙幣種類，自二百文一張至一千文一張不等。一一六六年，又加發紙幣一千五六百萬兩（每兩爲一千文。）此後發行之額，年有增加。宋寧宗嘉定元年（一二〇八年）送韓侂冑首於金，與金媾和。翌年爲應付三千萬兩賠款起見，另發行一種紙幣，半以絲製成，可憑之以取金銀，然亦無效果可言。史家馬端臨親見南宋覆亡之狀況，與財政紊亂之緣由，其言如下：

『自是歲月扶持，民不以信，特以畏耳。然糴本以楮，鹽本以楮，百官之俸給以楮，軍士支犒以楮，州縣支吾，無一而非楮。銅錢以罕見爲貴，前日椿積之本，皆絕口而不言矣。是以物價翔騰，楮價損折，民生憔顇，戰士常有不飽之憂，州縣小民，無以養廉爲嘆，皆楮之弊也！楮弊而錢亦弊，昔也以錢重而製楮，楮實爲便；今也以錢乏而製楮，楮實爲病。況僞造日滋，欲楮之不弊，不可得也！』（文獻通考卷九。）

南宋未亡以前百餘年，金人亦印行紙幣，金人以宋人輸入之金銀，納之庫中，而發行紙幣，其信用自較南朝紙幣爲佳。發行年代之可考者，爲一一五六年至一一六一年之間。

蒙古人初次發行紙幣，爲一二三六年（元太宗八年，）距成吉思汗之子窩闊台滅金，已有二年。發行額僅爲一萬五千兩，名爲交鈔。一二六〇年以後，忽必烈統一中國，詔行『中統寶鈔』自十文至二貫文凡十等。又發行大鈔，每張值銀五十兩。一二六四年（至元元年）『分道置局，鈞攷中統本。』元世祖及其子孫，發行鈔額，史家均有紀錄，前後共六十四年（一二六〇年至一三三四年），總額爲二十萬萬兩（二三八〇五六三八〇〇兩）平均每年發行額可三千七百萬兩。（見亞洲文會季刊(Journal China Branch Royal Asiatic Society)模爾斯(H. B. Morse)所著中國之金融(Currency in China)一文。）

元代鈔法之眞正價值，自難確定，楮幣既多，低落自不能免。然以強盛之國家，內有職責，外無賠償，低落或不甚速。馬可波羅謂所過地方寶鈔十足使用五十年後，佩戈羅地(Pegalloti)之言亦復如此，然其他著作家，均不然其說。某中國作家，謂在一二八七年至一三〇九年之間，紙幣價值低落至百分之六十，有謂尚不止此數者。要之，元代國家收入豐富，爲當時歐洲諸國所望塵莫及，馬可波羅稱其『富埒全世界，』殆有由也。（譯者按：關於此節，可參閱續文獻通考所引葉子奇草木子之言。）

元末五十年間，寶鈔日增，價值之低落愈甚。明太祖即位後，（一三六八年——一三九九年）造『大明通行寶鈔』，發行之額有限，價遂穩定。成祖時代（一四〇三年——一四二五年）停用寶鈔，直至一八五一年（清文宗咸豐元年）始恢復鈔法。

關於紙幣與印刷之關係，吾人有應行注意者數點：

第一爲時間問題。中國使用紙幣百餘年，歐洲各國始有紙。中國用紙幣四百餘年，歐洲始有雕板印刷。中國最後一次發行紙幣，谷騰堡尚未成年也。

第二爲發行額。元代初年發行額，每年平均爲三千七百萬兩，票面小者可至二百文。易言之，卽不啻每年印三千七百萬張，其印刷之盛可想像及之，而鈔票之深入民間，更可概見。

第三爲地理上分配問題。據馬可波羅所述，則元人製鈔後，『凡元人勢力所及之地無不通行』。然參閱馬氏其他言論，則此亦僅就中國立論，其情形如此，至其他地方，固不能一律通用寶鈔。羅柏魯克(De Rubruquis 十三世紀人物）謂，俄羅斯地方以黑貂爲幣。一二九四年，波斯地方有印行紙幣之事，當時人士視爲非常舉動。（見本書第十七章。）要之當時中國盛行紙幣，其他各地與中國有往來者，自亦間用紙幣。馬氏之言，固非自相矛盾也。日本發行紙幣之年代，爲一三一九年至一三二七年之間。

歐洲旅客初次所見之中國印刷品，卽爲紙幣，紛紛以文字記其事，前後共有八人，皆爲文藝復興以前之作家。（卽上文所言馬可波羅，羅柏魯克，佩戈羅地諸人。）谷騰堡以前，歐洲載籍關於中國印刷之紀述，亦僅此而已。馬可波羅所記，最爲詳盡，其書在歐洲，亦最爲風行一時，今錄其言如左：

『造幣廠設於燕京，運用煉金之術，至爲完美，令觀者幾爲之咋舌。中國固多桑樹，本用以飼蠶者，紙之製成，卽係以桑樹之白皮爲之。白皮介於幹木與外皮之間，裁製爲種種大小，其票面價值，亦多寡不一。發行之時，以皇帝諭旨頒布，視同金銀。每張寶鈔上，皆有官吏簽字蓋章，主管其事者，又用銀硃加蓋關防於其上，如此則寶鈔方成爲法幣。僞造者，處死刑。每年發行之額甚鉅，如此則大可汗（元帝）之富，必埒於全世界矣。鈔既印成，令天下人民，出納皆使用此項紙幣。凡蒙古人勢力所及之地，無不通行，拒收寶鈔者，亦處死刑。使用此項紙幣者，利其輕便易攜，而爲用亦與金銀無殊。至印度各國來中國之商人，攜有金銀珠寶者，必以其貨售與大可汗。大可汗令十二人掌其事。此十二人皆異常機警，估價後，卽付以上項紙幣。外國商人，亦樂於收受，緣攜有此項紙幣者，可往各地採購貨品，且攜帶輕便，極利於旅行。每年外國商人與蒙古人貿易之數，可四十萬貝散子(bezants 當時東西往來通行之銀幣。）大可汗以紙幣易去金銀財寶，其財富之多，自可想見。大可汗又令人民以金銀珠寶，領取紙幣，出價甚高，故全國寶物，悉入於大可汗之手中。紙幣之陳舊者，可持往造幣廠易取新幣，惟須繳納百分之三手續費。人民如欲以金銀珠寶製造首飾玩具，可持此項紙幣入廠購買。大可汗之富埒於全世界，蓋有由也。（參閱玉爾氏所譯馬可波羅遊記）

元代寶鈔，在歐洲印刷術未發明以前四百年，已發行如此之多，頗引起當時歐洲商人之注意。其形狀究爲何似，吾人固渴欲一見。現代公家及私人，固多藏有古時鈔票，惟眞贋則不可不辨。〔藍茲登(H A. Ramsden, Chinese Paper Money)及大衛斯(A. M. Davies, Certain Old Chinese Notes)所著論文，關於中國古代紙幣，均取諸泉布通志，其材料均不甚可恃。〕

科司勞夫在黑水城發掘古物，獲得元人紙幣若干。此項紙幣上印蒙古文字，與馬可波羅所言之中原鈔不同。此蓋專爲蒙古人而設，惜紙幣破爛，字跡漫漶，僅有一部份尚可認識而已。

一九〇〇年庚子拳亂，聯軍入北京，當搶刼宮殿時，曾推倒佛像一尊，在佛座下，發現金銀珠寶若干，又紙幣一束。此項紙幣後入於美國某醫生手中，遂輾轉陳列於上海、紐約、倫敦、柏林各博物院中。其年代爲洪武。（一三六八年至一三九九年）史稱明太祖洪武八年，發行『大明通行寶鈔』（一三七五年，）吾人固不妨以該項年代屬之於此鈔，其爲眞正明鈔，殆無可疑。

『大明通行寶鈔』長一呎，寬八吋，所用之紙甚厚，作深板石色，每張票面爲一貫（一千文，）不僅以文字書明，且畫出錢貫之形於其上。印刷及蓋印顏色，顯然不同，印刷之文字及裝飾，皆作黑色，印工甚精緻，雕板或以木製，或以銅製，則不得而知，蓋印則用紅色，不甚精緻，印刷與蓋印之不同，甚易辨別，猶之今日信封上郵票，甚爲精緻，而郵政局圖戳，則甚粗糙也。大明寶鈔印成在馬可波羅游華後七十年，距元代覆亡，亦僅七年，因此各著作家意見，均以爲元代鈔票之雛形，殆與此相去不甚遠。

吾人如能多多發現紙幣，則對於初期之印刷，必能認識更多。自九世紀行使飛錢後，直至十四世紀始發行印刷精良之寶鈔，其間必經過長時期之發展。大率初期之進展必甚速，此後則進展甚

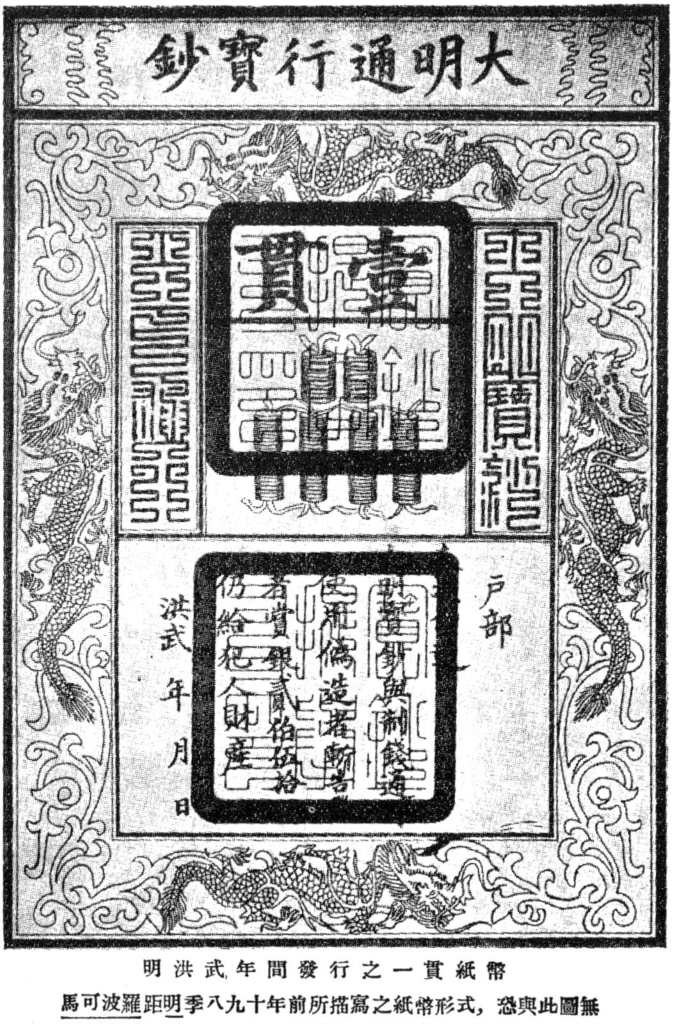

明洪武年間發行之一貫紙幣

馬可波羅距明季八九十年前所描寫之紙幣形式，恐與此圖無甚差別。請細察其朱印。最初紙幣之印刷與印章，完全相同，今則兩者間已有明顯之差別，猶目前郵局所用之郵戳與郵票然。New York Museum of Nunwsmatics (34×22.5 公分)

緩。其初爲印章模印，漸演變而爲佛寺中之雕板模印，商業中是否有一種過渡時代之模印，因而演變爲蜀地印行之交子，此爲吾人所不可得悉者。要之此項忖度，可以置勿深論。總之，谷騰堡以前四百年，中國印行紙幣，已達數萬萬之多，其深入民間，殆無疑義；即遠在西陲，如波斯境內，亦尚有此項紙幣流傳，歐洲著作家，至有八人敍述其事；凡此諸端，皆與本書有莫大之關係也。

第三編　中國雕板印刷術之西漸

第十二章　最初東西思想及貨物之傳播

吾人欲研究印刷術西漸情形，宜先明瞭最初東西文化交通之形勢。昔人不知中國歷史，以爲中國歷史，不受任何文化之影響，亦不影響西方任何文化，經近代學者研究，乃知此說之誣。東西文化之灌輸，實由絲綢爲之媒介。近人往中亞考察，不絕於途，又復探討古代載籍，發現絲綢貿易，實與東西文化有關。當時羅馬帝國需要絲綢，惟中國產有此物，因此歐洲陸路貿易，遂闢一新路線，由突厥斯坦至波斯，由波斯經敍利亞，以達於地中海各國，如腓尼基及巴力斯坦（聖地）諸商港。吾人無以名之，名之曰『絲綢來往之大道。』

古代思想之淵源，如孔子時代，佛陀時代，猶太先知時代，希臘哲學家時代，皆散處各地，而發生乃在同一時間，其線由今不能詳。至上古新石器時代之文化，在希臘與中國來往之路線上，其所遺留之石器，亦多相同，原因爲何，今亦不能悉也。

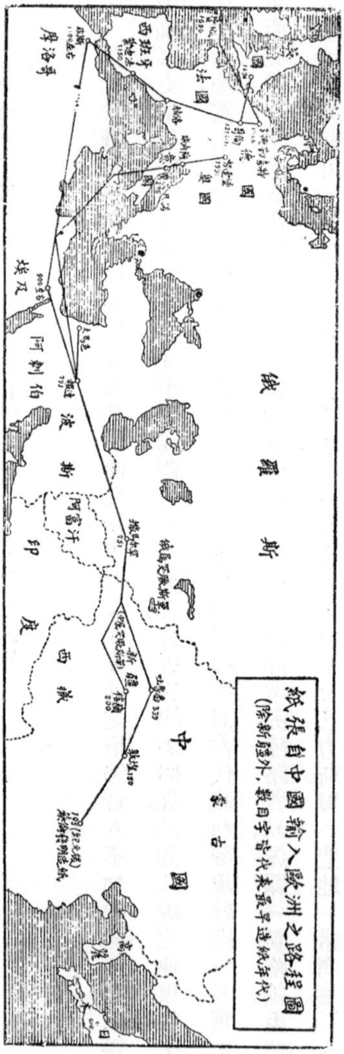

紙張自中國輸入歐洲之路程圖
（除新疆外，數目字皆代表最早造紙年代）

東西最早之交通，在西方爲羅馬帝國時代，在中國爲漢代，大約在紀元前一七〇年左右（東漢靈帝時代），西域有月支國，由甘肅向西移徙。此月支國之人民，屬於印度歐羅巴民族，希臘人稱之爲印度塞種人（Indo-Scythians）。二百餘年以後，此月支民族，征服亞歷山大帝國之東部，採取西方文化，所鑄貨幣，有希臘、波斯、埃及、印度諸國之神像，甚至於有奧古斯都(Augutus)像，及佛陀像，(所刻佛陀像，甚似希臘阿坡羅 Apollo 神像。)其下均繫以希臘文字。此月支國，亦可謂之爲印度塞種帝國。佛教傳入月支後，始略加改變，以適應於新環境，遂輾轉傳入中國、日本。當月支尚未採用外來文化以前，(紀元前一二六年左右)張騫奉漢武帝命，出使西域，歸來報告甚詳，以西域苜蓿葡萄，植之於長安離宮別館中，此爲西方植物第一次輸入中國。張騫通西域之後，中國遂佔領新疆地方，東西交通，由月支而達於羅馬帝國之東部，絲綢貿易，亦遂稱勝，文臣武士，及巨商大賈，絡繹於途。紀元後九十七年，(漢和帝永元九年)『甘英使大秦，抵條支，臨大海，欲渡；而安息西界船人謂英曰：海水廣大，往來者逢善風，三月乃得渡，遇惡風雨，亦有二歲者，故人人皆賫三歲糧，海中善使人思土戀慕，數有死亡。英乃止。』(以上轉錄文獻通考)甘英所止之處，蓋波斯灣也。羅馬遣使至中國，先抵安南、東京，時爲一六六年，後遂遵陸路入洛陽，後漢書所謂大秦王安敦，卽羅馬皇帝 Marcus Aurelius Antoninus 也。

此時東京商業往來，以絲爲大宗。中國人對於製絲之法，諱莫如深，以味吉爾(Virgil)之詩觀之則當時羅馬人，均以為絲綢乃植物所製成，每年輸入羅馬者，為數頗可觀。羅馬覆亡之後，中國絲遂輸入君士坦丁堡。東羅馬諸帝，如查士丁尼（Justinian 五二七年——五六五年）等，均以恢復絲綢貿易為己任。其時波斯薩山（Sassanian）朝，深恐突厥強盛，為東北之患，故禁止東西貿易。查士丁尼令人游說阿比西尼亞國王及印度諸侯王，乃另闢東西往來之路，以不經過波斯為原則。阿比西尼亞王婉詞謝絕。查士丁尼遂令人北繞裏海，至突厥朝廷，與可汗締結盟約，以壓迫波斯，而恢復東西絲綢之貿易。

此時景教徒自東方返者，歸告查士丁尼，謂絲綢非植物所產，乃蠶繭所製成，聞者無不驚異。遂遣人至于闐，求得蠶子。蓋突厥已於四一九年，傳得養蠶之法。景教徒攜歸蠶子時，恐為邏者偵知，以蠶子藏竹杖中，於是歐洲人始知養蠶之法。

查士丁尼歿後百餘年，亞洲為兩大勢力所支配，中國為唐朝所統治，西亞則為天方國之勢力。兩大國接觸之地，為突厥斯坦。歐洲人之獲有東方絲綢，均由阿剌伯人輸入，阿剌伯人向東方買絲，率在撒馬爾罕地方。養蠶之法，則傳自君士坦丁堡。中世紀中，歐洲人所買之絲，無論為中國人所製，或阿剌伯人所製，皆經過阿剌伯人之手。歐洲人知養蠶之法，蓋在十字軍時代。十三世紀，先傳至意大利，十四世紀，始傳至法國。

中國對於西方之貢獻，最早者莫如絲綢。其輸入歐洲，約在基督降生以前。至歐洲人學習養蠶之法，則在十字軍時代，亦如東方藝術之傳至歐洲，為時固甚晚也。

除南北極以外，世界人跡罕至之地，殆莫如中國與近東（Near East）間之地域，即中亞地方。歐戰中，德國僑民由中國逃至中亞，報紙傳為奇談，以為不可置信，不知此乃昔時東西交通要道。千餘年前之道路，必較今日為整治，此後海陸交通，均有新路發展，舊時大道，遂不復為人所記憶。然當日商賈結隊往來，絡繹不絕，一次行程，費時可二三年，貨物輸送頻繁，因之兩旁城市，亦逐漸發達，極東之吐魯番與極西之迦百農（Capernaum 在巴力斯坦北部）往日號稱繁盛都市者，今已滿目荒涼矣。其他如撒馬爾罕，如報達，亦早失其昔日繁榮之地位。東突厥斯坦地方（新疆）今祇為一片大沙漠，其實當日東西文化之灌輸，固皆借重於此絲綢往來之大路。長途漫漫，貿易興盛，為時多歷年所，其間朝代遞嬗，國土易人，舉其犖犖大者，則有羅馬帝國，月支王朝，天方與唐代，無不獎勵國外貿易，惟歐洲人參與其事，則十字軍以後爲然耳。

在此絲綢往來之大道上，能跋涉全程者，厥爲阿剌伯人。前此商人僅枝枝節節而爲之更番輸送，故東方人不知西方人之眞相何若。羅馬作家普林尼（Pliny）稱杏樹（Apricot）爲阿美尼亞樹（Armenian tree），桃樹爲波斯樹（Persian tree），而不知其爲中國樹也。希臘哲學家亞理斯多芬尼（Aristophanes）稱鷄爲波斯鳥（Persian birds），不知其爲緬甸之特產。埃及王薩拉丁（Saladin）贈瓷器與大馬色(Damascus)國王，稱之爲中國貨(Chinese)。數百年後，威尼斯（Venice）所造之瓷，猶稱之爲阿剌伯貨（Arabic），總之自羅馬時代至中世紀，東西貨物往來固無已時，中國所贈給西方者，爲桃、杏、絲、茶、瓷器、紙張、葉子戲、火藥、指南針等物，西方輸與遠東者，則爲葡萄、苜蓿、鸚鵡、琉璃、景教、回教、字母及希臘藝術。據洛弗（Berthold Laufer）所研究，農產品由中國傳至波斯諸國者，計有二十四種，由波斯諸國傳入中國者計有六十八種。（本章引用洛弗所著中國與伊蘭一書獨多。）

亞洲西部南部，對於遠東之貢獻，厥惟宗教。東西文化之交通，亦實以此爲其樞紐。印度佛教，由中亞以至中國、日本，殆爲人所共知；至景教與摩尼教之推進，則知者較少，其重要實亦不減於佛教。

摩尼教於三世紀中，創立於波斯，以祆教及諸斯替教（Gnostic Christianity）植其基，影響於羅馬時代之思想至深且巨。聖奧古斯丁未加入基督教以前，即篤信摩尼教，惟摩尼教之情形，不爲世人所知。近人在新疆諸地發現甚多之摩尼教經典，其中有波斯文、窣利文、漢文及突厥文。據近人研究，摩尼教爲唐代回紇人、元代畏吾兒人之國教，吐魯番其都城也。十二世紀中，中國曾印行摩尼教經典若干册。（參閱本書第十章。）

景教由波斯敍利亞傳至新疆，在第五第六世紀。德國學者，游歷新疆，所發掘之古物中，有景教教堂遺址及寫本書多種。寫本書中，有波斯文、敍利亞文、漢文及中亞各國文字。此處教堂與敍利亞教堂之往來信札，亦發現問世。上項發掘及其他發掘，皆足以證實七世紀中大秦景教流行中國碑所紀述者，毫無錯誤，而元以前中亞地方及中國景教教徒傳教之繼續不斷，亦因之大明於世。當時中亞及中國景教教徒，均受報達景教教長之指揮，此景教教主得回教海里發（Caliphs）之允許，得以便宜行事。後此中國景教教會，祇須每四年中報告報達教長一次。元代華北景教教徒，竟有陞爲報達教長者，約翰教士(Prester John)對於十字軍之報告，世人往往以爲言過其實，實則其所言者，皆中亞景教國王之事，今人已能考證其史迹云。

謨罕默德歿後數年，回教徒始入中國。六五二年，（唐高宗永徽二年）天方使臣入朝，自此以後，商業上之往來，絡繹不已。據九〇〇年左右阿布賽德(Abû Zeyd)之紀載，則一七八年廣州有亂事，回教人猶太人基督教人死者十二萬人。此雖言過其實，而當時中國與天方貿易之盛，蓋可想見。

九世紀中，（唐末）阿剌伯旅客易逢法罕伯(Ibn Vahab)來中國，謁見中國天子，其所記頗可以資參證。唐帝謂世界有五大國家，中國、突厥、印度、天方、希臘。言畢，復於寶座旁匣中，取出諾亞(Noah)泛舟圖，摩西執杖圖，耶穌騎驢圖，十二使徒像，以示法罕伯。法罕伯謂世界史僅有六千年之久，唐帝則大笑不置云云。當時西方宗教之侵入中國，於此可見。

旅華之回教徒，常藉海陸交通，與其祖國互通音問。其在中國，受特殊之管轄，與近世治外法權殆相似。元亡以後，回教徒之生活，始與漢人之地位無以異。中西交通之盛，蓋自古已然，於今爲烈耳。

中國傳入西方宗教之思想，而輸出與西方者，則爲發明物；惟其詳情，非俟學者探討，不能得悉。關於紙之發明，本書第一章及第十三章已詳述之。至關於火藥、指南針、瓷器等等之向西傳播，今將撮要敘述，以爲研究印刷史者之參考。

火藥之爲用，始於唐朝，惟非用之於作戰。用之作戰，如今日之手溜彈，其淵源不可得而詳。一一六一年一一六二年，宋、金交戰，一二三二年，金、元交戰，均使用火藥。阿剌伯人知硝礦之用途，在十三世紀後半，稱之爲『中國雪』(Chinese snow)。其稱中國焰火，則爲『中國箭』(Chinese arrow)。歐洲著作家最初言及火藥者，當推英國倍根(Roger Bacon 十三世紀人物)。惟倍根知有此物，是否由於閱讀阿剌伯故事書，抑或與當時中亞旅行家德魯伯魯揆接近，始知有此物，今已不能確定。吾人所可知者，卽阿剌伯人與歐洲人知用火藥作戰，蓋在中國人用火藥作戰之後，爲時不久。

中國人知用磁石，蓋在紀元以前紀元後一千年中，關於指南車之製造，傳聞異詞。中國及世界書籍，首先涉及指南針者，厥惟沈括。(一〇三〇年——一〇九三年，談及活字印刷者，亦首推此人)

中國書籍中首先言及利用指南針航海之事，則在一一〇〇年以後，所指之時代爲一〇八九年至一〇九九年。據朱昱所言，則此時外人（波斯人及阿剌伯人）往來廣州蘇門答臘間，均用指南針以航海。歐洲人士最先言及磁針者，當推普羅文（Guyot de Provins）其所作之詩，係於一一九〇年寫成。不久有微特利僧正（Cardinal de Vitry），隨第四次十字軍東征入巴力斯坦，以爲磁針一物，實由印度傳來，中國人發明之最早，惟用之於航海，則始於阿剌伯人；阿剌伯人往中國通商，遂以之傳於歐洲，此十字軍時代事也。

瓷器之傳入西歐，爲人人所共悉。漢代始知以長晶石粉和石灰，於高熱度中燒之，便成陶器。第七第八世紀，始知用塗釉之法，而後始有眞正之瓷器。一一七一年或一一八八年，薩拉丁(Saladin)贈瓷器四十件與大馬色算端(Sultan)，是爲近東有瓷器之始。十字軍結束後，歐洲人始知製瓷。一四七〇年，威尼斯人習製瓷之法於阿剌伯人。

東西商業往來，交通不絕，始於漢、唐，盛於元代與十字軍時代，而後雕板印刷之術，始傳播於歐洲。十字軍後，新事業輸入歐洲，如潮水奔騰，澎湃不已，其中多有來自東方者。印刷術之發明，乃近世教育之基礎，如何藉蒙古人與十字軍之勢力始輸入歐洲，其詳當於下文研究之第三編專論雕板印刷，第四編則專論活字印刷。

第十三章　中國造紙術輸入歐洲之千年史

紙爲印刷之先驅，其材料價格低廉，故爲推進印刷之利器。紙張西漸，固爲印刷西漸之先聲，而印刷西漸之情形，亦可於此中窺其梗概。吾人研究雕板印刷傳播之情形，不可不明瞭紙張之歷史。紙之傳播，較雕板印刷爲尤速，所過之地，舊時書寫材料，無不廢棄。活字排印，在高麗及歐洲，亦受此同樣之歡迎。惟雕板印刷，初不爲人所注重，其史迹湮沒無聞，故吾人欲探討雕板印刷術之傳播，不得不先研究紙之傳播也。

紙之製造，係用苧麻、破布、魚網爲原料，前已於第一章言之。紀元後一〇五年，漢朝曾正式公布其法。范曄後漢書成於四七〇年左右，其中有言曰：『自是天下莫不從用焉。』（蔡倫傳）證以其他中國書籍，其傳播之速，蓋無疑問；中國之西部，在當時尤爲著名產紙之區。

斯泰因在敦煌附近長城碉堡中，發現木簡縑帛等物，其中有書札九通，皆用紙書寫，此爲最早之紙流落人間者。此項書札，長十六吋，寬九吋，皆折好包裹，書明去信之地址；以顯微鏡驗視，紙係破布製成。木簡文字爲漢文，此則爲窣利文與伊蘭文爲近，書中無年月日，以木簡之年月日觀之，大約亦爲紀元後二一年至一三七年之物。此項碉堡至第二世紀中，恐已無人守護，此紙殆係蔡倫宣布造紙事業後五十年中之物。其他碉堡中亦發現有漢文紙張若干，其年代亦相去不遠。中國紙西漸，先至突厥斯單。斯文赫定博士在樓蘭所獲紙張，大約爲紀元後二百年左右之物。大抵在突厥斯單所發現之紙張，率與木簡同時並存。至第三第四第七世紀之紙張，則少與木簡並存。紙之排斥木簡，可以概見。斯泰因在樓蘭所發現之文件，大約爲紀元後三五〇年之物百分之二十爲紙張，其餘皆木簡也。

普魯士人士遊歷吐魯番，發現最早之紙，爲三九九年之物。其上間有阿剌米亞文字(Aramaic texts) 及希臘文字，足徵東西文化薈萃之源。又有波斯文基督教聖經殘頁，有人以爲係四五〇年之物。吐魯番地方所發現之紙張，有摩尼教聖經佛教經藏，以及基督教文字等等。

紙之推進，沿塔克拉馬干沙漠 (Taklamakan Desert) 而行，至第五世紀末年，西域各國，無不棄竹簡而用紙，蓋此時西域，皆在中國人勢力範圍之內也。

第八世紀初年，俄屬突厥斯單爲阿剌伯人所統治。七五一年七月，阿剌伯人始在此造紙，由撒馬兒罕傳至西班牙，此皆見於阿剌伯史籍中。此時突厥內部紛爭，一酋長請援於中國，一酋長請援於阿剌伯。中國軍隊爲阿剌伯人所敗。阿剌伯人遂至中國邊境，俘虜華人若干。其中有善製紙者，遂以造紙之術，授之於撒馬兒罕之人，證之唐史，此事益信。

據阿剌伯文字紀載，輸入撒馬兒罕之紙，係以草木製成，然近人收藏之阿剌伯古代紙張，則係以敝布爲之。第八世紀中，新疆所造之紙，則多以植物纖維及敝布製成，而植物纖維爲多。大約中國人造紙原料，阿剌伯人得之甚難。故不得不以敝布造紙，此與斯泰因在長城中所尋獲古代之中國紙，初無異致。

撒馬兒罕之紙（Paper of Samarkand），不久通行於亞洲各回教國。八六九年，猶赫特（Johith）之言曰：『西方之用埃及紙，猶東方之用撒馬兒罕紙也。』第十一世紀中，太愛立巴（Tha'ālibī）之言曰：『紙爲撒馬兒罕特產之一，其美觀便用，實在往日所用埃及紙之上。此項紙張，祇有撒馬兒罕及中國產之。據輶車紀程（Journeys and Kingdoms）所言。則中國紙輸入撒馬兒罕，實係俘虜所介紹，因其中有造紙工匠若干人，故此後撒馬兒罕人，遂以紙為大宗貿易品，而造福於世界人類不少。』

當時報達地方，亦有紙廠之設立。七九三年至七九四年之間，天方夜談中所言之哈綸阿剌細德（Harun-al-Rashid），曾雇用中國工匠，在該處設立工廠，然報達之出品，終不及撒馬兒罕出品之多。十世紀中，阿剌伯學者，對於紙張輸入之時代，爭論甚烈，有謂為白衣大食朝代（Omayyids）之事，有謂為黑衣大食朝代（Abbassids）之事，兩朝之遞嬗時期，則為紀元後七五〇年也。

阿剌伯國第三紙廠，設於阿剌伯東南海岸上，第四紙廠，則設於大馬色。歐洲之紙，大率來自大馬色，為時可數百年，故當時歐洲人稱紙為大馬色紙（Charta Damascena）。此外有來自班畢者，（Mambij or Bambyx 敍利亞一海港），歐洲人往往以之與棉紙相混同。自馬可波羅時代，至一八八五年，阿剌伯與歐洲紙，均有棉紙之稱。破布造紙，則以為係十五十六世紀日耳曼人或意大利人所發明；至維士紐博士（Dr. Wiesner）以顯微鏡研究之，而後始知其非棉布紙也。大馬色雖爲紙張出產之地。然造紙術之傳播，尙須由北非洲經過西班牙，以傳入歐洲。

古代阿剌伯之紙，大率於埃及發現，猶之中國舊紙大抵於突厥斯單發現。來紐（Rainer）在維也納收藏舊紙至多，不下二萬件，年代則自八〇〇年起至一三八八年止。關於造紙術之史跡，吾人不可不研究埃及紙。參觀來紐氏之收藏，即可知埃及人逐漸廢棄『紙草』（papyrus）之情形。七一九年至八一五年間之紙草有三十六件，八一六年至九一二年間之紙草有九十六件，此外有紙二十四件，九一三年至一〇〇九年之收藏，則爲紙草九件，紙七十七件，最後一張之紙草，其年代爲九三六年。

來紐氏藏有謝函一紙，其年代在八八三年至八九五年之間，尾有句云：『此函用紙草寫，乞恕！』蓋當時紙張初次輸入，風行一時，故作書者不得不如此立言，其實彼所用之紙草，固甚精緻。

一〇四〇年，波斯旅客見開羅（Cairo）城中賣菜者以紙張包裹各物，甚異之。百餘年後，經報達某醫生研究，以爲此項紙張，乃係死人墳墓中布疋纖維所製。姑妄言之，姑妄聽之可耳。

造紙之法，由埃及以達摩洛哥，由摩洛哥以達西班牙，歐洲造紙最早之國，當推西班牙。據伊德里栖（El-Edrisi）一一五〇年所觀察，紮廸法一地（Xativa），產紙甚盛，東西各國，皆取給於此。此後西班牙造紙事業，皆在回教徒掌握之中。直至基督教徒克服西班牙地方後，基督教人，始有造紙事業可言。基督教國家，最早設立紙廠者，爲一一八九年之法國南部地方赫洛（Hérault）然當時歐洲之紙，大率自大馬色與西班牙輸入，爲時可一百年。

中國人包辦造紙事業，爲時殆六百年，後此傳至撒馬兒罕地方之阿剌伯人。阿剌伯人在西班牙包辦造紙事業，爲時又五百年，遂以之傳授與基督教徒。此後基督教國家，遂佔造紙業之上風。

此時紙張輸入歐洲，仍有二路，大馬色之貿易，仍以紙張居大宗，由君士坦丁堡以輸入歐洲。至非洲之紙張，則由西西利輸入。因此意大利之造紙事業，亦甚發達。今日歐洲最早之文件，仍係西西利之物，文字則以阿剌伯文及拉丁文寫成，此係羅哲爾王（King Roger）之地契一張，年代爲一一〇九年。啓奴亞檔案庫內，藏有稿紙一件，年代爲一一五四年。腓特烈第二（Frederick II）於一二二一年，禁止公文用紙，惟效力亦不甚著。十三世紀中，大馬色紙輸入意大利，日新月盛，一二七六年，意國夢忒凡諾城（Montefano），始有紙廠之設立，不久意大利進行極速，西班牙及大馬色紙業，皆大受挫折。銷售歐洲之紙。大抵皆來自意大利。

日耳曼在十四世紀中，需紙甚急，大率購自意大利。十四世紀末年。雕板印刷初次發現，日耳曼南部購紙，多取自威尼斯米蘭(Milan)及法國來因地(Rhineland)。然大馬色之紙，仍輸入日耳曼境內，同時使用羊皮紙之風，亦依舊不絕，努連堡(Nuremberg)一地，爲雕板印刷之發源地，亦爲日耳曼最早造紙之地，紙廠於一三九一年設立；雕板印刷之期，不可得其詳，恐亦相去不甚遠也。

歐洲造紙事業，進行甚緩，遠不如印刷事業進步之速。在中國及阿剌伯地方，造紙進步則甚速，然歐洲之羊皮紙，實較中國竹簡埃及紙草爲易寫。歐洲當時讀書者少，亦不甚需用廉價之紙。發明印刷，固須藉紙之力，而紙張用途之廣，亦實有藉於印刷之發明。歐洲發明印刷以後，書寫及印刷，皆不得不用紙，然英國初次設立紙廠，則尙在卡克斯敦(Caxton)從事印刷之後十七年也。(參閱第十二章附圖。)

第十四章　回紇人在吐魯番地方之印刷

西域與雕板印刷之關係，上文已略述之。四川甘肅，乃中國之西陲，亦有此項參考品及印刷品。十一世紀中之印刷書籍，有得之於蒙古者。敦煌黑水城之能保有古代印刷品，固爲氣候使然，然中國西部爲最初印刷之中心點，實無可疑。印刷術由此傳播，無間乎東西至雕板印刷發現最多之地，則爲新疆之吐魯番。

吐魯番在敦煌西北四十哩，地勢低下，無異於死海。四面爲高山所環繞，惟通中國之一方面，較爲坦平。在紀元前若干時，印度歐羅巴民族，移居此地，發展相當文化。紀元後數百年中，佛教輸入，增加不少之文藝。至第五第六世紀中，摩尼教景教，紛紛侵入，於是波斯及東羅馬帝國之文化，亦輸入不少。第七世紀中，（唐初）吐魯番爲中國所克服；直至元朝，中國對於吐魯番，始終羈縻不絕。（譯者按：吐魯番在漢時爲車師前王地。）因此吐魯番遂發展其特殊之文化。第八第九世紀中，回紇人佔有吐魯番，以亦都護(Idiqut)爲都城，而採用舊有吐魯番文化。

從茲以後，吐魯番遂爲亞洲文化之中心。南西兩方面則有印度、波斯、敍利亞文化輸入，東方則有中國政治上之威勢，北方則爲蒙古西伯利亞游牧民族所歸化。吐魯番文化最盛時代，爲第九第十世紀；在成吉思汗未征服畏吾兒人(Uigur Turks)以前，吐魯番猶爲文化之中心也。

一九〇二年至一九〇七年之間，普魯士學者格林味帶爾博士(Dr. Grünwedel)及勒叩克博士(Le Coq)，遠征吐魯番，發現不少木刻及雕板印刷品。今存於柏林人類學博物館中。要之吐魯番爲東西人種及宗教薈集之區，故壁畫中所見有中國人印度人、突厥人及印度歐羅巴人。其藝術之表現，不僅爲希臘、印度、中國，甚至於波斯、伊蘭之影響，亦具有之。

宗教方面，則此間有基督教教堂，佛教寺院，摩尼教廟宇。回紇人佔居吐魯番之後，三教仍並行不悖，惟其王朝則信摩尼教。回教東漸以後，亦與三教無涉。當時王家信摩尼教，多數人民則信佛教，少數人則信基督教，孔教則影響其地甚微。

吐魯番人多通數國語言文字。普魯士人士所發現之文件中，共有十七種文字，其中有敍利亞文、波斯文、梵文、漢文、希臘文、突厥文。各種字母，幾於無不畢具，而保存文件之處所，則爲寺院廟宇。舉凡基督教之聖經，摩尼教之聖詩，既無不畢備，而佛教之經典，存儲尤夥。當時人士，甚重視宗教文學與藝術，故雕板印刷之發明，爲時亦甚早。佛教徒喜印行其書籍，前文已言之。吐魯番所發現之雕板印刷，皆爲佛教印刷品；中國日本印刷之發達，殆皆借重於佛教不少也。

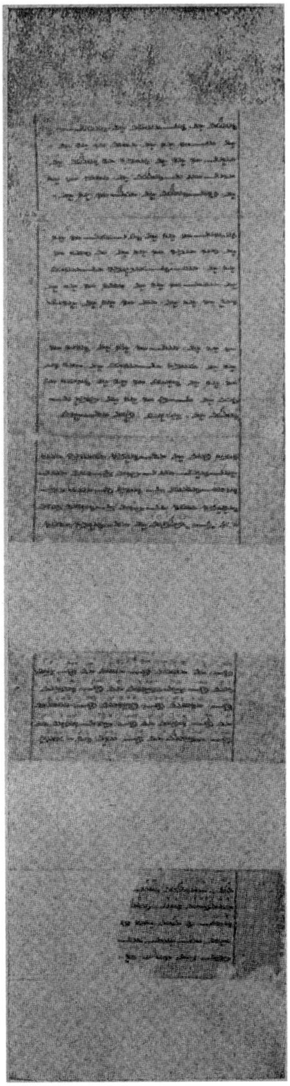

佛　　經

係以回紇文印刷，行與行之間注有梵文，頁碼爲中文。此書與當時其他佛教典籍相同，折成冊頁形式。此處所示者乃其一部分。Museum für Völkerkunde (11×30.5 公分)

吐魯番發掘之地方，無不有木板與雕板印刷。托克遜（Toqsun）一地，在吐魯番沙漠地方之西，亦有此物；中亞地方所發現雕板印刷之地，此爲最西矣。

保存文件之情形，吐魯番與敦煌大異。敦煌文件，藏於石室中，整飭異常。吐魯番之文件，則似經過數百年兵刼，有數寺院中紙張均狼藉地上，殘亂不堪。亦都護一寺中，廢紙深可及膝，俯拾卽是，其中且有僧人之骷髏在內。摩尼教經典與佛教經典，雜置一處，滿布灰塵。作者在柏林，翻閱吐魯番掘出之一箱廢紙，其中除回紇文、窣利文、漢文、梵文外，尚有木刻佛像十二張，刻工粗拙，回紇文印刷物二張，描色之佛畫一張，又刻花之絲數方。

吐魯番之印刷物，大率於頹垣斷壁中尋出，故多殘缺不全。惟木頭溝（Murtuk）寺中，大宗雕板印刷，皆甚完好。此寺建築較晚，或鑒於其他寺院書籍之被燬，故保存特好，其實印刷方面亦較精也。

吐魯番之文件，皆無年代。蒙古文及梵文書，附有一紙片，上爲成吉思汗名，其年代當不能早於十三世紀初年。惟元以後，回紇文化已行銷沉，故發掘所得之文件，不能較十三世紀末年爲尤晚。大率回紇人印刷術最進步之時代，皆在十三世紀中及十四世紀初年；其淵源何自，今莫得其詳，或與敦煌文物有聯帶之關係，亦未可知。上項文件中亦頗有極簡陋之印刷物，足以證明印刷之完成須經過若干年代。有謂回紇文化，既盛於第九第十世紀，則回紇印刷，亦必爲時甚早。然以上種種，皆推測之詞，無從證實；要之在質與量方面，回紇人印刷之進步，爲時必甚久。後來所建之寺院，如木頭溝等等，其雕板印刷較多，其技藝亦較好。蒙古人時代，吐魯番殆有規模甚大之印刷事業，繼續存在可數百年。

吐魯番之雕板印刷，計有六種文字：回紇文（卽畏吾兒文）漢文、梵文、唐古特文、蒙古文、西藏文；其中以回紇文漢文及梵文爲最多。

回紇文字利用窣利字母，與敍利亞文字爲近，實爲突厥文字之一種，雖非近代土耳其文之嫡祖，在大體上，要與之爲近。原文多爲佛教經典，故多直譯之名字，其直譯之字旁，均註有梵文，如今日日本文附註英文一樣。頁數與邊註中之書名，均用漢文寫成，回紇文化之薈萃東西，於茲可見。

中國書籍頗多，皆字體甚大，與宋板書同。印刷之精，爲近代中國雕板書所不及。此項中國書籍，

仿印度貝葉經式印刷之梵文書一頁

梵文抄寫或印刷之書，與印度古代書籍相似，皆書於棕櫚葉上。此類書籍，稱爲貝葉經，當册頁形式之書籍流行時，已不須於每頁中心穿孔彙訂，但其孔之形式，仍印於每頁之中，如附圖所示。約十二世紀或十三世紀時物

Museum für Völkerkunde (15.9×31 公分)

大率爲佛典譯本，與回紇文佛經，皆摺疊成書；亦有爲手卷形式者，殆爲時較早之印刷物也。

梵文印刷品有二種：多數爲古體梵文，與雕板印刷前中亞文字無大異；少數爲近體梵文，亦名蘭查體(Lantsa)，元以後始通行，最精緻之印刷品，當推蘭查體金剛經，每頁長二呎餘，寬六吋，邊緣寬大，字體清晰，書名及頁數，一面爲梵文，一面爲漢文，其年代自較敦煌黑水城及日本所發現之金剛經爲晚，大率爲十三世紀中之物。每葉之兩面，皆印有文字，實則每頁係以兩頁糊成，惟黏貼之迹，

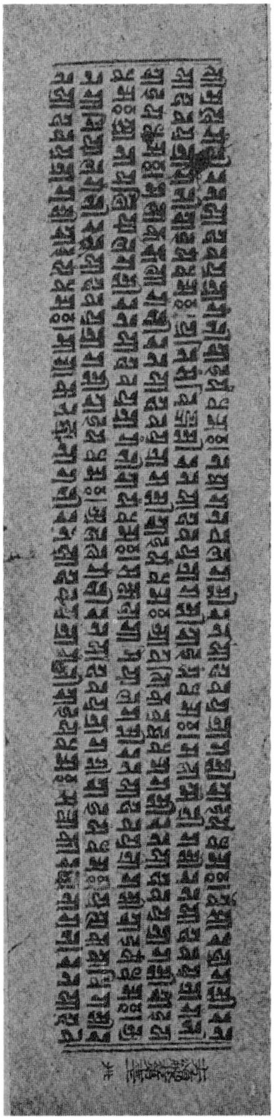

梵文金剛經之一頁

中亞細亞最精緻之雕版印刷物每頁長約二呎頁數與中縫之書名均爲漢文

Museum für Völkerkunde (64×15.5 公分)

絲毫不見。

此項金剛經，現存祇有十頁，其式樣爲印度貝葉經式（pothi）。所謂貝葉式者，蓋古代印度書籍，皆書於貝葉上，長而狹，上下夾以木板，而以皮帶繫之。

吐魯番書籍，幾於各式俱備，有手卷式，有折疊式，有貝葉經式而無線裝式。線裝書於第五世紀中，行之於敍利亞，爲時不久，卽輸入吐魯番，後此傳至中國，時爲宋初（十一世紀）。蓋佛教徒不甚喜用此種裝訂，故祇有基督教及摩尼教用之。中國則儒教書籍，無不採用，佛教徒喜用折疊式，或用貝葉經式，最奇者，則爲二式兼用，書雖折疊而成，然書頁中仍印有穿皮帶之孔。

唐古特之印刷品甚少，其文字令人亦不能具悉，其外形頗似漢字，以會意象形爲主，其實與漢字大異。唐古特人爲西藏民族之一種，曾在宋時佔據甘肅諸地，建立強有力之國家，其文字於一〇三六年造成，此項印刷物之年代，因之亦不難確定。

西藏文字印刷品，簡陋無比，大半爲符咒，往往一張紙上，僅有二三字而已，且多藏置於泥佛中，非剖開佛像，不得見之。

蒙古文印刷物，僅有數段，亦爲佛經，其文字則與西藏文爲近，非蒙古克服畏吾兒人後所製之文字也。

吐魯番古物中，木刻至多，率無文字；紙既薄，印刷亦不精，佳者殊不多覯。

敦煌山洞中，曾發現有回紇文木刻活字，係元初之物；因此有人

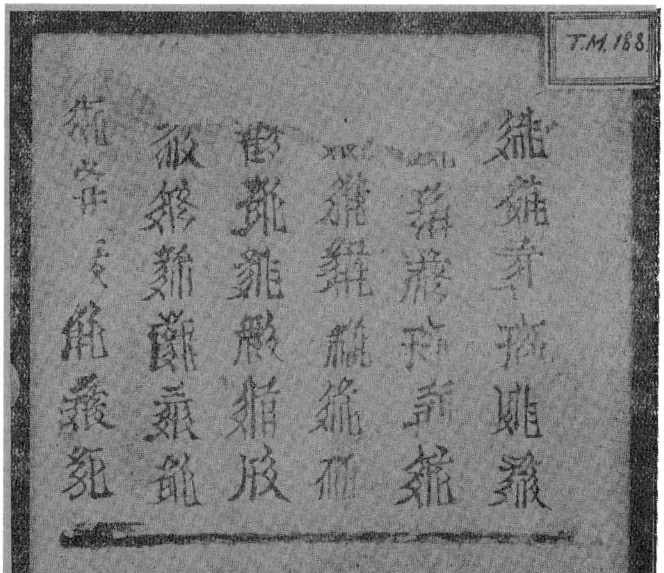

唐古特印刷品之一斑

唐古特人爲西藏民族之一種，曾於十一世紀及十二世紀時，佔據中國西陲，建立強有力之帝國，於一二〇〇年後，爲成吉思汗所滅。雕版印刷之唐古特文字經籍，曾於吐魯番，敦煌及黑水城各地發現。Museum für Völkerkunde (12×13.6 公分)

疑及吐魯番印刷物，如回紇文字，是否爲活字所印刷，不得而知。吾人當於本書第二十二章述及之，然此事終無從證實也。

此外突厥人對於印刷術之影響，亦甚可注意。第十世紀（譯者按：即中國五代時期）爲突厥人最煊赫之時期。此時回紇人在吐魯番文化極盛，其他突厥人則在中國埃及報達諸地，各自樹立國家；惟太平洋至尼羅河之間，突厥人所建立之國家，各自爲政，不相統屬，亦不相聞問，然其爲同一種族，則無可疑。中國方面自九二三年起至九五一年止（譯者按：此指後唐、後晉、後漢，）皆爲突厥人勢力所支配。此項突厥人，最初發祥於哈密，與吐魯番相距不遠；至埃及與美索博達米亞諸地，距此殆千餘哩。當時東西執政者之種族語言文字，固極相似。

雕板印刷之進步，率在第十世紀中。中國有馮道，提倡此事；敦煌發現之物，亦多屬此時；吐魯番與埃及發現最早之印刷品，大概亦爲此時期之物。然則雕板印刷，是否與突厥各民族播遷有關，此實爲一極有趣味之問題。有人且謂雕板印刷，爲回紇人或中亞民族所創造；（見得圭尼所著匈奴史 De Guignes, Histoire des Huns）；然吐魯番書籍，無論爲漢文梵文或回紇文，其頁數皆爲漢字。則此項印刷之爲漢人作品，毫無疑義。最早之印刷物，不得之於中國，而出之於敦煌與吐魯番者，則氣候爲之也。

回紇人全部文化，爲蒙古人所吸收。成吉思汗於一二〇六年，征服畏吾兒國。蒙古人軍隊，亦多畏吾兒人，卽文化方面，亦多借重於畏吾兒人。蒙古人無文字，畏吾兒人爲之創造文字，卽利用畏吾兒文字爲基礎。成吉思汗令畏吾兒人爲其諸子師傅，教之以畏吾兒文字法律等等。至成吉思汗之孫當國時，波斯及美索博達米亞之長官，皆爲畏吾兒人。吐魯番地方，人才四散，遂無復昔日之繁榮，畏吾兒人文化，殆已全部移至哈拉和林，（元之上都 Korakorum）變爲蒙古人之文化。久之，此種文化，在東部則爲中國較高之文化所淘汰，在西部則爲回教文化所淘汰。蒙古人東征西討，如雷如霆，中國、波斯、美索博達米亞及俄羅斯無不歸其統治；但畏吾兒人之文化，獨能爲蒙古人所效法；而畏吾兒人固亦深知印刷術者也。

第十五章　各國對於印刷之阻礙

雕板印刷，尚未傳至歐洲以前數百年，印刷空氣，滿布於遠東。中國日本吐魯番，皆推行印刷之術，不遺餘力；此時歐洲尙不知印刷爲何物，而介乎亞歐間之各國，其人雅不欲以其經籍印刷行世，對於印刷術之傳播實發生一絕大阻礙力。蓋佛經孔籍此時無不廣爲播印，而歐洲人則祇知在寺院中抄寫誦讀，伊誰之咎歟？

阿剌伯人長於文學，又喜宗教事業，而亦不欲印行經典以問世，此事至不可解。阿剌伯人在中亞發現紙張，因此遠至西班牙，書寫無不用紙；舊時書寫材料，悉行廢棄，其爲紙張宣傳可謂至矣盡矣。獨於印刷則不然，其原因殊不易曉。有謂阿剌伯人最惡猪鬃，以豬鬃刷印上帝等字，殊爲褻瀆神聖。要之阿剌伯人成見甚深，遂釀成守舊之觀念，卽其經典亦多係抄本。一七二七年，有一匈牙利人，欲在君士坦丁堡設立印刷所，政府下令，禁止印刷古蘭經，祇准印刷所成立而已。一七二九年，埃及史印成，反對之者甚衆。十九世紀以前，迄無其他印刷物行世，卽十九世紀中，印刷事業亦時遭挫折。十六世紀中，敍利亞地方有基督教徒從事於印刷。十五世紀末年，意大利印行阿剌伯文字之書籍，古蘭經亦付印。一七八七年，俄后喀德隣第二(Catherine II)，敕令石印古蘭經，至埃及正式印行書籍，則爲一八二五年。是年阿剌伯人，初次在開羅設立印刷所一處。

中國初次勵行印刷時，阿剌伯人與中國交通頻繁，對於東方文學宗教兩方面之印刷事業，不能茫無所知。唐代則水陸交通便利，關係尤爲複雜。迨阿剌伯人佔據西突厥斯單時，東突厥斯單仍歸中國人統治，交通不絕，更可想像，中國造紙術，因此傳入於西方。宋代則因中亞方面，政治不寧，故東西交通爲之梗塞；至元代則東西交通又復大盛。

阿剌伯人深入中國，於甘肅等處可以見之。甘肅爲當日阿剌伯人通商之要道，故至今其地一部份居民之血統，尚多與阿剌伯人有關。至中國其他各省，亦時有其蹤跡。當日阿剌伯與中國通商，至元而稱極盛時代，水陸交通，雙方並進，當時沿海各地，頗多受其影響。

阿剌伯商人深入中國內地，中文及阿剌伯文書籍，率多紀載其事。元代著作家言之綦詳。馬可波羅未至中國以前五十年，趙汝括(Chou Ju-kua)在福建視察外人通商事宜，著一書，言西方事極詳盡。易逢巴圖塔（Ibn Batuta）在元末時著書，言當時阿剌伯人在中國之盛況，幾於處處可以得見阿剌伯人。某次在杭州遇見一人，乃自摩洛哥(Morocco）來者，前此在印度底里（Delhi）城中亦已相識，至其人之兄弟，近在非洲蘇丹一地亦遇見之。要之當時東西交通已甚頻繁，塔布里士(Tabriz 在波斯西北部）及非洲北岸各地，對於中國情形所知固不少也。

阿剌伯雖與遠東時有往來，而阿剌伯書籍則從未付印。至於符咒紙牌曾否印刷行世，後章當討論之。文學書籍，亦未付印刷。拉希德愛丁（Rashid-Eddin）爲元代波斯大臣時，塔布里士爲東西交通之樞紐，彼曾著一世界史，說明中國印刷術甚詳。其自己所著世界史，固從未付印，臨終遺命，中僅謂所著世界史，應每年抄寫二部，一爲阿剌伯文，一爲波斯文，以便各大城寺院均得藏有此書。

阿剌伯文化影響歐洲文化者至深，然以中國雕板印刷而論，則阿剌伯人似未盡傳播之責，直至元人西侵，十字軍東征，此項障礙，始行除去，其詳當於後章申論之。

第十六章　元代之東西交通

中世紀中，歐洲對於中國，所知甚微，幾與歐洲人對於美國所知無異。美國與歐洲，有大西洋爲之間隔；至亞洲與歐洲，則有中亞各國爲之間隔。十三世紀初年，成吉思汗東征西討，破除此障礙物，而後亞歐二洲始得暫時發生接觸。自十三世紀中葉至十四世紀中葉，歐亞交通之盛，不特爲前此所未有，即十四世紀以後至十九世紀以前，亦無有也。歐洲旅客之視中國，蓋如天府之區，奇異之壤，財富充斥，文化昌明，因此往來不絕，可一百年。元亡以後，東西之交通，又告隔絕。再越一百五十年，歐洲經過文藝復興時代，東西交通，始重行恢復。

一二〇六年，成吉思汗戡定畏吾兒國，吸收吐魯番之文化，東征西伐，所向披靡。一二一五年，佔領華北與高麗；一二二三年，克服花剌子模（Khwarezm 即今俄屬突厥斯單）一二三一年，克服波斯；一二八〇年，佔據華南。陸軍征剿，遠及於波蘭、匈牙利、日耳曼、印度支那，海軍則達於爪哇及日本；開山築路，迄無已時，近東與遠東商業往來，率經過突厥斯單東西商業之盛，爲前此所未有。中國與歐洲，因此遂得攜手一堂。中國已有三百年之印刷經驗，而歐洲此時，亦甚需要書籍。元代末年，歐洲始有極簡陋之雕板印刷，其經過詳情，不可得悉，而歐洲人士受遠東人印刷之影響，則於元代史中，可以見之。因此對於雕板印刷術西播之路線，亦有種種不同之揣測。

蒙古之雕板印刷　第十四章中，已言及蒙古人克服畏吾兒人之後，始與文化及印刷術相接觸。成吉思汗不久又征服唐古特人。唐古特人，爲西藏民族，佔領中國西北部，及蒙古東部。國內人民，多漢人及韃靼人。唐古特人與畏吾兒人極相似，均喜印刷佛經。其文字亦爲象形會意文字，形式甚爲奇古。吐魯番及敦煌兩地，發現此項文字甚多。科司勞夫在黑水城所獲尤夥。佛教爲唐古特人國教，其印行漢文唐古特文佛經，蓋官家詔令使然。上項發掘物中，又有蒙古文佛經二册，及紙幣若干。蒙古人之吸收畏吾兒人及唐古特人文化，於玆可見。

蒙古人在中國之印刷　蒙古人向東征討，所遇民族，皆深知印刷術，其文化亦建於印刷術上。蒙古人吸收被征服者之文化，自不得不贊同其印刷術。此時中國印刷術，已達最高峯，蒙古人入主

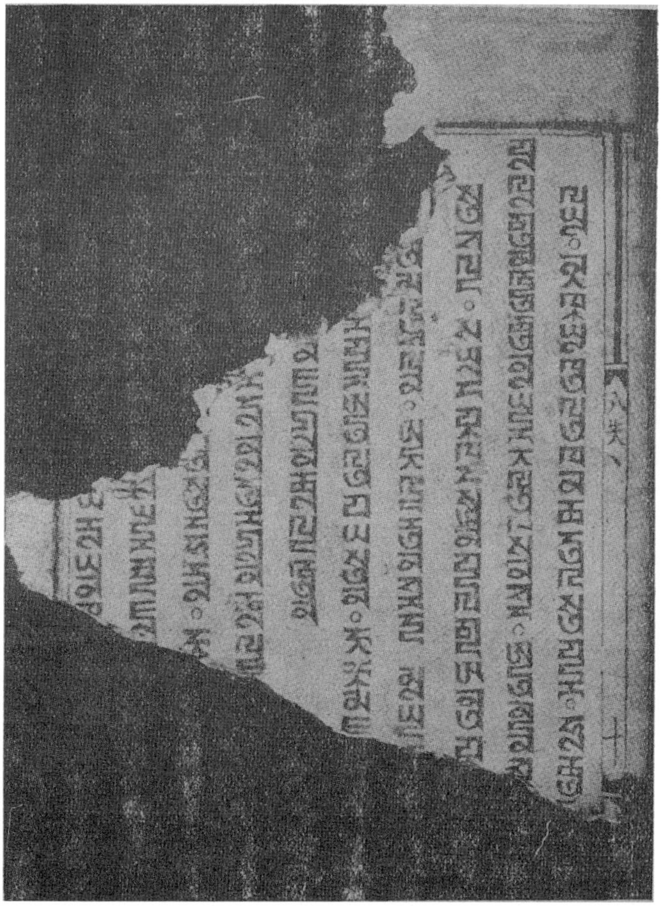

蒙古文經籍之殘頁（頁碼係漢文）

發現於吐魯番附近，乃十三世紀時之物也。

Museum für Völkerkunde (14.2×20 公分)

中國，以印行經籍爲榮，其所印之書，不減於前代。除漢文外，且用蒙古文迻譯中國書籍而印行之。

匈牙利及波蘭之蒙古人　蒙古人佔據華北以後，遂向西邁進，深入匈牙利波蘭諸地。征伐波蘭時期，爲一二四一年，在克服俄羅斯之後。此時歐洲各大城鎭，多被其焚燬。蒙古人復入日耳曼西利西亞地方，敗日耳曼波蘭聯軍。蒙古人復入匈牙利，焚燬匈京，蹂躪全國，即阿德里亞海諸城，亦難幸免。所幸窩闊台逝世，蒙古大軍奉召班師。總計蒙古人在匈牙利不過一年，在波蘭尙不及一年。一二五九年，蒙古人復侵入波蘭。一二八五年，再征討匈牙利。兩國京城，復遭兵燹，惟元人佔據之期，爲時均不久。

蒙古軍隊所至之地，如威尼斯，布拉格（Prague），巴威（Bavaria）地方諸城，均與歐洲早年採用雕板印刷之地甚近。蒙古人當時文化，旣不甚高明，大兵所過，刼掠爲多，對於當時印刷術，不能有若何之影響。至於從軍之畏吾兒人攜來若干佛像，則殊屬可能；若夫符咒紙牌，或亦有攜至歐洲者，目下不能深悉。

蒙古人在俄羅斯　蒙古人佔領俄羅斯後，其影響大爲不同。一二二三年，蒙古人侵略俄羅斯，一二三六年至一二四〇年之間，俄羅斯完全被蒙古人佔據，惟諸侯王仍得自治其國。蒙古人治俄國，固與治中國中亞不同。當時莫斯科（Moscow）與哈拉和林之間使者往來不絕，俄國高等官吏，均須至和林行就職禮；國內爭端，一切須取決於蒙古皇帝。

莫斯科東部下諾弗哥羅城（Nijni-Novgorod），爲當時商業之中心點，東方貨物輸歐，雲集於此。中國及突厥斯單商人與日耳曼漢撒同盟各國商人接觸，亦在此處。今日下諾弗哥羅城中，猶有一地，名契丹區（Cathay Section）。莫斯科城中，亦有一街名契丹街，皆紀念當日中國商人之往來也。

此外中西交通方面，可資參證者尙多。蒙古定宗貴由時代（一二四六年——一二五一年）大可汗之國璽，係俄人科司馬斯（Cosmas）所刊刻。製印與雕板印刷，有密切之關係，故此事甚可注意。德魯伯魯揆曾言：『蒙古時代，俄國貨幣，率印成皮貨花樣，其上且印有顏色。』此事是否與東方印行寶鈔有關，今不能遽定，然以當日中亞與俄國交通頻繁觀之，中國印行紙幣之情形，必爲俄羅斯人所深悉也。

最先主張中國印刷術傳至歐洲，係假道於俄國者，爲佐維斯（Paulus Jovius），時爲一五五○年，距谷騰堡時代尚有一百年。歐洲載籍中最早言及中國印刷術者，亦舍此人莫屬。佐維斯在所著時代史中（Historia sui Temporis）曾有言曰：『廣州地方有刻字匠甚多，所刻之書，爲歷史禮儀等等，其印刷之法與吾人所用之法無大異。教皇利奥，曾以一册中國書示予，謂係葡萄牙國王之贈品，由此可知葡萄牙人未至印度以前，塞種人（Scythians）及莫斯科人（Muscovites），皆已致力於此種文化事業矣。』

教皇及法王遣使至元朝修好　一二四五年三月，教皇英諾森第四（Innocent IV），派遣柏朗嘉賓（Plano Carpini）至蒙古人朝廷通好。柏朗嘉賓由布拉格，基輔（Kiev）入蒙古，攜得大可汗復書以歸。此項復書於一九二○年在梵諦岡（Vatican）宮檔案中發現，係以畏吾兒文及波斯文字寫成，後而印有元定宗之國璽，此爲歐洲載籍中關於中國摹印一事最早之記載。（一八○○年，愛爾蘭發現中國古印不少。）據柏朗嘉賓所言，此種國璽乃科司馬斯所刻治。此書既有畏吾兒文字及波斯文字，復有俄人所治之中國印章，攜歸至歐洲者，則爲意大利人，其富有國際性質，直無疑義。

一二四八年至一二五三年之間，法國聖路易(Saint Louis)，時從軍於十字軍中，居於塞浦路斯島(Cyprus)，兩次遣使入華。第二次使臣名羅柏魯克(William de Rubruquis)，其報告中，詳敍彼在蒙古人都城中，遇見歐洲人不少，當時歐洲俘囚自匈牙利及倍爾格拉得(Belgrade)來華者，有法國主教之姪，法國女子一人，曾嫁與俄羅斯人，英國人一人，巴黎首飾匠一人，現爲蒙古可汗製造首飾，其他西方人在哈拉和林者，尚有大馬色教士一人，阿美尼亞主教一人。當時歐洲人來遠東者，固不僅著作家，亦多其他人物也。

羅柏魯克雖未詳述印刷之事，然言及中國印鈔一事，彼實爲歐洲第一人。其報告書中，述及俄國皮幣一事，曾有言曰：『中國貨幣係以棉花紙爲之，大小與手相埒，其上蓋有蒙古人國璽。』

馬可波羅　游歷中亞及中國，留有詳細之敍述，使歐洲人印象最深者，馬可波羅一人而已。因此中國文化，中國事物，如印刷術等等，流入歐洲，率多歸功於馬氏。馬氏自中國歸，攜有中國雕板若干至威尼斯。其後有一人名卡斯他爾地(Pamphilio Castaldi of Feltre)遂傳其術，以刻字稱於時，此十四世紀中事也。此事之確切與否，亦不可知，或係意大利人一種傳說而已。最奇者，馬可波羅書中始終未提及印刷術，僅言及中國紙幣。（見本書第十一章所引。）其所注重者，蓋為紙幣而非印刷，即使上文傳說果信，則雕板攜至歐洲，必為無名之旅客，而非馬可波羅本人，蓋其時代當在馬氏返國後五六十年也。

旅華之歐洲教士　中世紀中，歐洲人士受過教育而愛好書籍者，祇有僧侶。普通人民，多未受甚深之教育，遑論愛好書籍？故十九世紀以前，關於科學與中國之書籍，大率為天主教士之作品。馬可波羅返國後，教皇即於一二九四年左右，派遣使臣至燕京通好。其人名約翰 (John of Monte-Corvino)，居燕京甚久，至一三二八年，即在燕京逝世。一三〇五年彼所作家書中，曾言及彼傳教事業，謂華人受過洗禮者，已有六千人，燕京新建一天主教堂，新約聖經及詩篇，已用蒙古文譯出。翌年，約翰又在燕京建一天主教堂，其地基為意大利商人所捐助。又就聖經中故事，製圖六張，以拉丁文波斯文韃靼文 (Tarsic) 三種文字書之，以教授未識字之人。

一三〇七年，教皇克力門第五 (Clement V)，升約翰為大主教，遣三主教往中國，助其傳教。

（當時共派遣七人，抵華者，則僅三人。）其人居北京五年，每年受大可汗之津貼，此後往福建傳教，建築教堂，充實組織，捐款皆由當地阿美尼亞人輸助。此時揚州及突厥斯單，亦有天主教教徒。

歐洲教士居華，與華人往來，習其語言，得常見中國印刷品，自不待言。約翰大主教，已將新約及聖詩，譯成蒙古文，且製爲圖畫，以教授未受教育之人。此時中國印書事業，方蒸蒸日上，當時參與譯經之中國人，自必慫恿彼等以聖經付印。其結果若何，此時無從得悉。此後數十年，歐洲教會，亦刊印聖蹟圖行世，殆亦受駐華教士宣傳之影響。惟伊兒汗國分裂之後，突厥人勢力方張，東西交通，爲之梗塞。元亡明繼，中國與歐洲，遂完全斷絕關係。

歐洲之商人及旅行家　上文曾言及馬可波羅在北京，親見俄國製印之人，巴黎首飾匠，及其他歐洲人。馬可波羅又言，忽必烈汗部下，有一日耳曼人，爲其製造軍器。以上皆十三世紀中事。至十四世紀前半，中國與歐洲之貿易，始稱鼎盛。此項貿易之重要，可於哥倫布熱心航海，以恢復中國印度之交通一事見之。蒙古時代，歐洲商人皆未受高深之教育，其經商情形，惟見於教士之紀載。福州主教安德烈（Andrew），於一三二六年著書所言金融問題，皆得自旅居福州之給諾亞商人。俄多立克(Odoric)於一三二三年至一三二七年間在華傳教敍述杭州奇景，參考威尼斯商人在華之聞見。馬麟約利(Marignolli)奉教皇命使華，於一三四六年返國，述其福州教堂旁西人所立工廠狀況。最佳之記載，當推一三四〇年佩戈羅地(Pegolotti)之報告書。彼在佛羅稜薩著此書，詳敍歐洲人至中國經商必需之知識，如道路里數，進出口貨品，金融制度，度量衡問題，稅捐情形，又詳述紙幣情形，而不及印刷術，殆與馬可波羅之態度相似也。

中國印刷術傳入西歐，是否爲商人之力，毫無佐證。要之商人與印刷術，無甚接觸，不能與教士及譯書人相比擬。不過在歐洲雕板印刷發明以前五十年，亞歐人士來往頻繁，其意義實爲重要。谷騰堡發明印刷後五十年，伽馬(Vasco de Gama)始恢復東西商業交通之路，因此中國雕版書，傳入葡萄牙國，國王以之獻與教皇；則早年商業交通之時，中國印刷品，亦必有流入西歐者，殆極可能之事也。

波斯之蒙古人　歐洲人與遠東人薈萃最多之地，厥惟波斯塔布里士一地，在蒙古時代，尤爲東西人士交換思想之處所，其詳當另闢一章論之。

第十七章　東西交通之樞紐——波斯

自讓罕默德時代，至蒙古人征伐時代，亞歐之文化，可分爲三大區域。西方則爲基督教勢力，東方則爲孔教與佛教勢力，介乎其中者，則爲回教勢力。元人時代，此三種文化，在波斯似有混合之趨勢。伊兒諸汗，治國方略，率取寬容態度，居高位者，有各種宗教之人。至其都城塔布里士，則各種民族薈集，尤具有國際性質。

波斯爲成吉思汗所蹂躪，時爲一二二一年至一二三一年，始完全被蒙古人所克服。一二五八年，忽必烈之弟旭烈兀，以一時名將，佔領報達，美索博達米亞諸地，敍利亞及阿美利亞若干地方，亦皆入蒙古人之版圖，因此蒙古軍隊，遂與十字軍相接觸。惟爲時不久，伊兒諸汗，（即旭烈兀之繼承人）與十字軍聯盟，以防制阿刺伯人之侵略。塔布里士爲當時伊兒汗之都城，與十字軍諸侯王，常有信使往來。此項信札，今猶存在，蒙古人對於基督教義，既表示景仰，而十字軍人亦稱蒙古人爲教

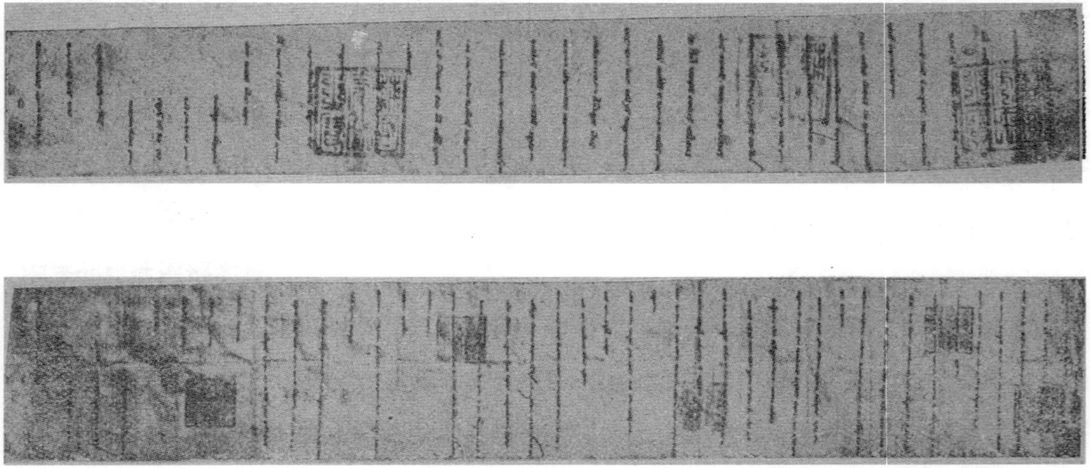

伊兒諸汗致法王之信札

上信爲伊兒汗阿魯渾於一二八九年發出，允於次年與十字軍聯合，駐軍大馬色，并謂耶路撒冷如爲聯軍克復，當歸法王統治。下信之日期爲一三〇五年五月，約十呎長，係伊兒汗完者都(Ilkhan Uljaitū)宣佈蒙古各屬地重歸統一，并介紹大使二人於法王。兩信皆用回紇體之蒙古文所書，印璽所刻爲華文。Yule's Marco Polo. Cordier Edition

(上信 183×25 公分　　下信 300×50 公分)

友。英王愛德華第二(Edward II)及亞拉岡（Aragon）王詹姆士(James）之信札，其內容亦大致相同。伊兒汗國王又遣使謁教皇法王英王通聘，其通聘書爲蒙古文，上印有硃紅色之國璽，國璽則刻有中國字。一三〇五年，伊兒汗致法王之書簡今仍保存於巴黎檔案庫中，計長九呎，寬十八吋，幕印五次，此項國璽約六吋見方，皆元帝所頒發，蒙古人利用之以張其聲威而已。其他信札上所蓋印信大小與此相仿，歐洲人最初所見類似雕板之物，宜舍此莫屬。（最近教皇皇宮中又發現上項信札不少。）

在宗教方面，蒙古人眞如七面蜥蜴（Chameleons），能隨時變易其體色，與十字軍接觸之後，卽有基督教色彩。伊兒汗阿魯渾（Argon）之信日期爲雞兒年，其尾有『阿們』一語。其國中早年所鑄貨幣，則有『聖父聖子聖靈』等字樣。而伊兒汗第一次信仰回教者之迪古大(Ahmed Tigudar)，且保存此項貨幣，更不可解。

景教教徒，爲畏吾兒人之後裔者，對於波斯地方蒙古人與基督教諸侯王之聯絡，奔走甚力。其中有名馬科斯者（Rabban Marcos），生於北京附近地方，於一二八一年在巴格達爲景教教堂

上述一二八九年伊兒汗致法王信札上之朱印

係摹自華文國璽，此項國璽由忽必烈大汗於北京頒發，約六吋見方。

Yule's Marco Polo. Cordier Edition

總教士，與其至友高馬(Rabban Cauma)奉伊兒汗阿魯渾之命，往歐洲，歷聘君士坦丁堡皇帝，教皇、英王、法王之間，擕有重要使命。

旭烈兀克服報達之時，正其兄忽必烈定都燕京之年，因此旭烈兀國內，亦逐漸採用中國文化。第一次任報達總督者，乃爲中國人，其人名郭干(Kuo K'an 譯音見 E. Bretschneider, Mediaeval Researcher Vol. I, p. 4.)此後疏浚底格里斯河幼發拉的河工程，亦雇用中國人司其事。中國人寓居塔布里士城中之區域，當時爲伊兒汗京城中之重要區域。

自報達被克服之後，塔布里士城，遂成爲西亞之商業中心點。拉希德愛丁時寓此間，曾言『當時哲學家天文家史學家各種宗教各種人民，無不畢集。』俄多立克教士於一三一八年，遊歷此處，稱爲『名都大邑，其他世界商埠，均不能與之頡頏。』

一二六四年，有威尼斯人民維立阿尼(Pietro Viglioni)者，死於此間，此爲史乘中關於歐人居塔城最早之紀載。十四世紀初年，歐洲與波斯，多商業上之往來。威尼斯與伊兒汗訂約二次，一爲一三〇五年，一爲一三二〇年。伊兒汗國給威尼斯人以居留及經商之權利不少。一三二四年，威尼斯派遣領事至伊兒汗國京城，不久給諸亞（Genoese）亦仿行之。一二四一年，塔布里士城中給諸亞人由二十四人組織之僑務會議管理之領事則爲此種會議之主席。除意大利各小國外，英、法、亞拉岡及教皇，亦相繼遣使至伊兒汗國修好。

回教世界中最早有雕板印刷紀載者，厥惟塔布里士城。一二九四年，印行紙幣，上有漢文及阿剌伯文。此時乞合都汗(Khaikhatau Khan)虛糜國帑，入不敷出，其司度支者名馬紮法（Izzudin Muzzaffer），遂獻紙幣之策，一切悉仿忽必烈發行『至元寶鈔』之制度；中文『鈔』字，亦印於其上；各省皆設寶鈔局，以司其事；鈔上阿剌伯字載明發行年代爲謨罕默德降生後六九三年（紀元後一二九四年）；且言僞造者，當立卽懲辦；『自此鈔發行之後，貧富消滅，物賤民安』云云。惟使用不及三日，全城大譁，馬紮法受人指摘尤甚，有人謂彼不久卽遭人暗殺，紙幣政策，終於不行。

伊兒汗發行紙幣之一場風波，發生於谷騰堡之前一百五十年，其地既多歐洲人士，此項消息，不久自傳遍於意大利各小國中。歐洲雖未仿行紙幣政策，然前項紙幣，攜至歐洲，視爲古玩，在文化上觀之，極有意義。當時伊兒汗京城中，中國人區域，實爲歐亞人攜手之地，必有他項中國印刷品，流播其間，如紙牌等類之物，其詳當於下章敍述之。

一二九五年，伊兒汗國最著名之英主合贊汗（Ghazan Khan）卽位。合贊汗脫離元人之羈絆，宣布回教爲國教。惟每年尙與燕京修好一次，復與歐洲各國通聘。合贊汗本人博學深思，通八國語言文字，漢文、畏吾兒文、阿剌伯文、拉丁文，皆能通曉，因此波斯之國際地位，遂臻極盛時代。

合贊汗知人善任，命拉希德愛丁爲宰相，且令其編著蒙古帝國史，書成，復命其著世界史（Jami'u't-Tawáríkh），凡中國近東歐洲之史蹟，均一一採入，眞空前之巨著也。世界史之初編，爲創造史；至歐洲史中，述及當時之爭戰，如英吉利蘇格蘭之戰爭，亦行敍入，且言及愛爾蘭在當時其地尙無蛇云云。關於中國史部份，則敍述正史之外，且言及雕板印刷。其文如下：

『中國人喜宣揚古籍，欲其傳世時，原文無絲毫舛誤，因此選印古書之時，必先命善書者，於木板上抄寫原文，復命有名學者，校勘之於木板後，簽名爲證。然後始命善鐫刻者刻字；刻成之後，每板皆依次編號，盛以布囊，封存於有司，保藏極其嚴密，以免木板之損壞。如有人欲印此書，可照官家定價，付費於有司。有司卽命人以紙拓印，印就則付以書，而藏其板。所以防古書刊印之舛誤，眞可謂無徵不至矣。中國史蹟之傳播，其法蓋本於此。』〔參用布朗(E. G. Browne)所譯韃靼征服時代之波斯文學史(A History of Persian Literature under Tartar Dominion)〕。

關於雕板印刷問題，除中國載籍外，以上所言，自屬爲時甚早。拉希德愛丁敍述此事，自有其可靠之參考資料，惟彼所注重者，爲史書之印刷，對於印刷術發明，能令書籍傳播更形經濟一點，拉希德未能察及。彼

塔布里士大清眞寺廢墟(合贊汗時拉希德愛丁所建)
Yule's Marco Polo. Cordier Edition

僅知中國人印書，乃爲勘誤起見，復過甚其說。要之拉希德愛丁此段紀載，足使西方人士了然於印刷術之重要，可以代替人工抄寫，其功實不可沒。蓋拉希德之書，當時人士誦讀者甚多，後此以阿剌伯文及波斯文抄寫，回教各大寺院中幾無不有其書；今日波斯印度及歐洲各大圖書館，尚有其書最初抄本二十六部。拉希德巨著出版之後七年，有一更大之世界史出世，其書名智者之園林(Tarīkh-i-Banakatī)，著者爲巴納卡地(Banakatī)。此書更富於國際性質。總之，回教國家對於中國印刷術，殊爲明瞭。觀以上二書，卽可得悉。二書均於塔布里士問世，當時國際交通，固以此城稱極盛也。

由斯以談，則中國人與歐洲人之接觸，實由於蒙古帝國爲之撮合，而中國印刷術之西漸，遂亦淵源於此。至十四世紀中葉，蒙古人在亞歐之勢力，已漸形分裂。五十年後各邦分崩離析，而印刷術亦已傳入歐洲矣。惟文件上之證據，此時尙未能覓得，故中國印刷術西漸之詳情，不可得而知之。大概亦不外以下途徑：由俄羅斯傳入歐洲；由旅華之歐洲人傳入歐洲；由波斯傳入歐洲；由埃及傳入歐洲（見下章。）其時代則爲蒙古人勢力膨脹時代。此項印刷術之西漸，實爲谷騰堡諸人導之先路也。

第十八章　十字軍時代之埃及雕板印刷

近代以前，中亞諸國從未印行書籍，祇有伊兒汗國印行紙幣一次，終遭慘敗；然其他各處，則史蹟所示，並不如此之可以悲觀。考古家在他處發掘古物，獲有印刷品五十餘件，頗足以資反證。一八八〇年，埃及發雍地方（El-Fayyûm）發現古代文件甚多。發雍地方距古代鱷魚城不遠，其發現之物，是否爲古代字紙堆，抑爲檔案庫，無從懸揣。要之此項發現物，其中有紙草羊皮紙及紙，不下十萬餘張，今皆存於維也納國立圖書館中，名爲來紐氏收藏品，其中有十種語言文字，年代則自紀元前十四世紀起，至紀元後十四世紀止，先後歷時二千七百年。造紙史中，殆無不知有此事；其中有雕板印刷物五十件，此則世人所不甚注意者也。

上項印刷物，種類繁多；以大小言，零縑斷簡，以至長一呎，寬與新聞紙相埒者，無不畢具；其中頗有花樣美麗者，亦有極簡陋者；紙之粗細，亦不一律；印刷方面，有白紙黑字者，亦有黑紙白字者，印紅字者，祇有一張。最有歷史價值者，莫如各種阿剌伯字體學者藉此可以斷定其年代，大率自紀元後九〇〇年起至一三五〇年止。

上項雕板印刷物中，亦多相同之點，以內容言，除文字外，僅有幾何形之圖案。其摹印之法，係用紙張蒙於雕板上，輕輕用刷刷之，與中國吐魯番之方法同。文字皆爲阿剌伯文，祇有一張阿剌伯祈禱文，旁註有古代埃及字母。總之內容不外宗教性質，有祈禱文，有古蘭經，有辟邪之符咒，又有一張百神名單。其中最古之一張爲第九四六號，對方四吋，印有古蘭經第三十四章第一節至第六節之文。其文如下：『大慈大悲之上帝！天地間之物，無不屬於上帝。最後之日，吾儕不滅不絕。上帝永生，故吾人終有此最後之一日。一切祕密惟上帝知之。天地間之事物，其小如蟻者，亦惟上帝能知之。吾人行事，上帝記之；賞善罰惡，上帝鑒之；皈依眞理，上帝福之！』

來紐氏所藏之古紙第九四八號，紙張較大，印刷較精，印有古蘭經中謨罕默德所作辟邪信札，其後附有辟邪神與持咒者之問答，蓋護身符也。

上項符咒之印行，必爲時甚久。然自宗教方面立言，此項印刷，殆與九五三年（譯者按：此爲後

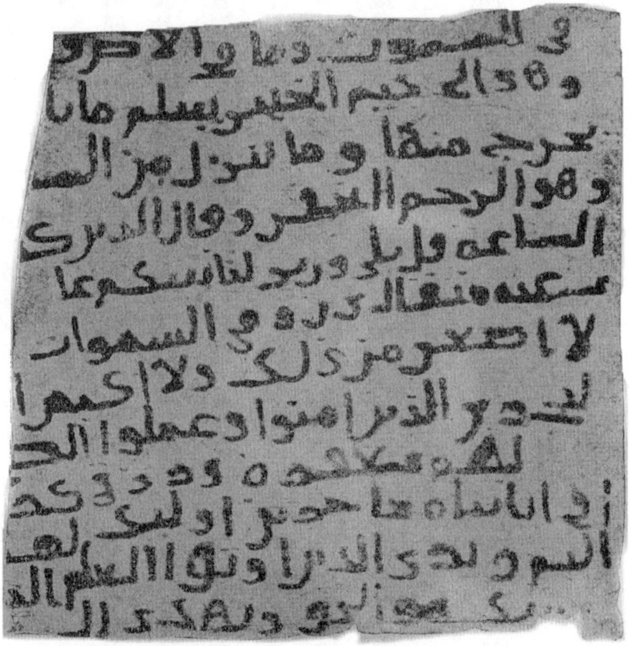

埃及最古之雕板印刷物

發現於發雍附近，阿剌伯人由其題銘認爲係十世紀初年所刻之古蘭經。

Guide to the Rainer Collection (10.5×11 公分)

周太祖廣順三年，馮道九經板告成之年。）以前之中國情形無殊。蓋人民崇信宗教，往往於不知不覺中，推行印刷之術。徵之中國日本往事，固無不如此：當時載籍，初未嘗記述其事，使非有突厥斯單之發掘，又焉知有佛教印刷之盛事？歐洲史乘，自亦不能爲例外。設非有後此印刷鼎盛時期，則初期之粗陋出品，亦何致爲人所重視，爲人所珍藏？在原則上言之，敦煌埃及努連堡之最初雕板印刷，其情形大率皆相似。文字雖互異，而目標則同。目標維何？卽通常人民，喜獲得此種神聖之字句或圖畫，以爲護身之用，既不能親自爲之，又無力以購買抄本，自必求得一最經濟之法，使其出品繁多，人人可以置備；印刷之起源，無論在中國，在埃及，在歐洲，固罔不如是。中國有馮道，歐洲有谷騰堡，而埃及無之，故中國歐洲之印刷，影響文化者至深且鉅，而在埃及，則印刷之技藝，始終不明於世，或當時學者之成見爲之，亦未可知也。

進而論之，中國印刷術胚胎時代，通常人民，歡迎採用，惟恐不至，因此其術遂傳播中國各地及日本中亞各國。谷騰堡時代以前，歐洲之簡陋印刷，其情形亦復類此，因此得傳播於中歐各地。埃及地方乾燥，中亞各地傳入之印刷品，或有發現之一日，亦未可知；然終須後日之事實證明，此時固未能確定其必有耳。

關於埃及雕板印刷之淵源，吾人固不能爲武斷之詞，然當代聞人研究印刷者，如卡拉巴賽克(Karabacek)如格洛曼(Grohmann)譯者按：二人對於造紙術及來紐氏收藏物之考證，所著書籍甚多，均係德文。）均以爲埃及雕板印刷，係與中國及中亞印刷有關係，而非紡織物印刷之影響，固已羣無異詞。此項觀念，尚無絕對之證據，然自印刷之技術，宗教之實質及材料方面，分別論證，其結論固宜如此。（埃及雕板印刷物，實與吐魯番爲近，所發現之零件中，有一佛像。）

關於中國印刷術西播之年代，極難查悉，研究阿剌伯文化者，自其字體方面立論，以爲當在紀元後九百年左右。然此時中國印刷術，方在萌芽時代，未必能傳至中亞，遑論西亞？故中國印刷術傳至西方，應在刊印九經大藏經之後，其時雕板印刷術，必已傳至突厥斯單地方，故其年代，必較九百年爲更晚。然宋代東西交通，不如前此之盛，故此事亦甚可疑。又有人謂中國印刷術向西傳播，皆經過波斯，故其時代爲元人時代。至字體甚古之原因，則以雕板時取古代抄本刻印之故。議論紛紜，莫衷一是。吾人折衷立論，不妨謂此項埃及雕板印刷，爲時在紀元後九〇〇年至一三五〇年之間，其中屬於後期之印刷物，自必較多。

雕板印刷之西漸，究取何種途徑，此自與年代有關。設爲時甚早，則所取之途徑，必爲海道，或隨突厥人橫歷大陸，以至美索博達米亞及埃及諸地。如爲蒙古人時代，則必經過波斯。波斯一地，亦必盛行雕板印刷，惟因其氣候關係，古物存留較少，此事已無可考證矣。

十字軍，與歐洲人從未出門者，亦多東行瞻拜，因此國外貿易，逐漸發達。埃及雕板印刷之流行，適在此時。埃及雕板印刷絕迹後，歐洲之雕板印刷，代之而興。因此印行基督教聖經。習俗移人，印刷正文之外，復喜刻印圖畫。至埃及印刷古蘭經與符咒，與歐洲人刻印畫像，有何關係，似頗有討論之價值，留待異日可耳。

第十九章　紙牌與印刷術西漸之關係

歐洲人所知之最早雕板印刷品，紙牌爲其一種；故研究紙牌之淵源，亦可得悉歐洲雕板印刷術發展之眞相。惟參考研究時，必須以中國之資料與印度阿剌伯之資料相比較，如此則結論方確切可恃。

十字軍時代以前，紙牌之在亞洲，甚爲通行。埃及在遠古時代，卽有骰子。其後遂傳至羅馬帝國，紀元後始傳至中國。雙陸及奕棋，或自印度傳入中國，當在唐以前，或唐代中葉。此時馬上球戲亦由波斯傳入印度中國。惟遊戲名稱，隨地而異，因此欲研究其源流，殊非易事。（譯者按：五雜俎云：雙陸本是胡戲。晏殊類要謂此戲始於天竺。太平御覽云：老子入胡作摴蒱。博物志：堯造圍棋，以教丹朱，或云舜以子商均愚，故作圍棋以教之。物原云：桀臣烏曹作賭博圍棋，劉向作彈棋。）

骰子爲紙牌之先河，骰子最早之紀載，爲紀元後五〇一年（齊和帝中興元年）陶士行謂『老子入胡作摴蒱。」（圖書集成藝術典博戲部，轉載南齊書。）則骰子之戲，爲時必甚早，且自西方傳來，而以老子爲號召，則更含有占卜之意味矣。

紙牌或骰子紙牌（dominoes），皆導源於中國，毫無疑問。二者皆以骰子爲背景，而受占卜拈鬮紙幣等項事物之影響。由骰子以演變至紙牌，其時間殆與卷軸書演變至裝葉書相埒。書既可以裁葉裝訂，則骰子改爲紙牌，以圖便利。亦無不可。辭源論葉子戲云：唐人藏書，皆作卷軸，其後有葉子，如今之手摺。凡文字有備檢查者，以葉子寫之。骰子格本備檢用，故亦以葉子寫之，謂之葉子格。唐中葉時已有之，見歸田錄。或謂葉子青所撰，或謂唐李郃爲賀州刺史，與妓人葉茂蓮江行，因撰骰子選，故謂之葉子戲。如此則葉子戲實中國最早之雕板印刷，此雖在西方，亦復如此。（譯者按：王漁洋南唐宮詞：花底自成金葉格；宮中齊唱念家山。注引焦竑國史經籍志云：後主妃周氏，著繫蒙山葉子格一卷。惠棟注，引品外錄云：葉子如今之紙牌酒令。鄭氏書目，有南唐李後主妃周氏編金格葉子。）

宋代葉子戲，似取二種方向。一種仍印骰子，一種則印他種花樣，此爲中西紙牌之起源。此外又有牙牌，卽麻將牌之先聲也。（譯者按：諸事音攷：宋宣和二年，有臣上疏，設牙牌三十二扇，共計二百二十七點，以按星辰布列之位。）

大英百科全書引累睦紮(Rémusat)諸人之言，以爲紙牌爲宣和時代（一一二〇年）所發明，此語實應加以修訂。蓋紙牌乃自骰子演變而來，非發明之物也。其次則遼穆宗應曆十九年，巳禁人爲葉子戲（圖書集成引遼史）。累睦紮復引正字通，以爲葉子戲不始於宣和。總之十二世紀中，宋室遷都臨安後，葉子戲之發展日有進步，固巳與骰子奕棋分道揚鑣，終南宋之世及元代，無不盛行此種遊戲。

茲再從歐洲方面，研究紙牌之歷史。中世紀中，阿剌伯文學從未提及紙牌一事。吐魯番地方，雖曾發現舊紙牌二張，然亦無其他材料，可以考出其時代。吾人欲覓資料，仍非從歐洲方面着手不可。戲具名詞混淆，往往令研究此事者，如墮五里霧中。奕棋爲物，自印度西漸，越中亞國家而入於歐洲。今日奕棋所用名詞，皆淵源於波斯語，或阿剌伯語。如棋之一字，英語爲Chess，法語爲Echecs，德語爲Schachspiel，皆與波斯語Shah（國王）音爲近。十三世紀及十四世紀初年，關於紙牌方面之資料，皆與奕棋有關，而非與紙牌有關也。至十四世紀後半，載籍中所言紙牌之事，乃爲眞正紙牌。一三九七年，巴黎盛行葉子戲，市長下令，禁止工人不得於工作日爲紙牌之戲。一四四四年，隆格耳教會(Synod of Langres)，禁止教會中人作葉子戲。一四二三年，聖伯爾拿(St. Bernard of Sienna)在羅馬聖彼得教堂演說，痛言紙牌之爲害；一時聽者無不動容，歸時各以家中紙牌取出，集於一處而焚之。

中國古代紙牌

發現於吐魯番附近約係十四世紀時所刻印

Museum für Völkerkunde

(9.5×3.5 公分)

試取紙牌傳播之年代，與最早之宗教雕板印刷相比較，其意義殊爲重大。普通人意見，以爲最初之宗教雕板印刷在十四世紀最後十年，現存之最早印刷物，如一四二三年之聖克利斯多福（St. Christopher）造象，適與聖伯爾拿之演說同一時期。然則紙牌傳播之時，亦爲宗教雕板印刷時期。二者孰先孰後，不可得悉。要之同時發生，則無可疑。易言之，卽蒙古人勢力崩潰後五十年也。

歐洲印行紙牌，起於何時，學者考證，不一其詞。然謂其在十四世紀初年，或一四〇〇年以前，則僉無異議。一四四一年，威尼斯政府出令曰：『製造紙牌事業，近來一落千丈，嗣後不得再有此項物品進口』云云。觀此，則威尼斯當時紙牌製造，必極發達，後此他處仿製，與之競爭甚烈，故威尼斯政府不得不有此令。日耳曼奧格斯堡（Augsburg）努連堡諸邑檔案中，亦有關於製造紙牌印刷紙牌之紀載，前後共有五次，其年代爲一四一八年至一四三八年之間。此時日耳曼烏爾穆城（Ulm）製造之紙牌，裝運至西西利及意大利諸地出售。有謂刻印紙牌後於刻印神象者，然二者並行不悖，大率在同一時期發生；蓋刻印神像之人，往往卽爲刻印紙牌之人也。

關於埃及紙牌之淵源，研究之結果，甚爲矛盾。十七世紀中，有一意大利作家，謂意大利紙牌，自中國輸入，其他歐洲作家，均以爲自回教國輸入。然阿剌伯載籍，向未提及此事，蓋古蘭經禁止教徒爲賭運氣之遊戲，回教徒固守此戒規勿失。此種矛盾情形，可從歷史方面解釋之。葉子戲通行於中國，爲時可二百年，始爲歐洲人士所悉。當時蒙古人軍隊，亦必盛行此種遊戲。波斯地方，東西人士薈集，有中國人、中亞人、回教人、給諾亞人、威尼斯人雜居一城之內，互通貿易，紙牌由此輸入歐洲，固甚易易。惟葉子戲性質，旣與奕棋不同，故不爲回教徒所喜，因此不見於阿剌伯載籍之中。其傳至歐洲時，僅匆匆在西亞地方經過，而不留痕迹。要之紙牌之西漸，較紙爲神速，蓋歐洲人需用此物甚亟，益以蒙古人及十字軍爲之媒介，故傳播自速耳。

紙牌西漸，是否與雕板印刷有關，今已無從參證。中國人所用之紙牌，係刻印而成，中國人僑居西域，自仍不能忘情於此物，其中有印刷經驗者，（卽在塔布里士印刷紙幣之人，）就地刻印紙牌，乃亦可能之事；蓋如此旣可免輸送之煩，又獲得經濟上之便利。久之此項紙牌，亦採用本地風光，更爲西方人士所愛好，好之深則攜之返國必愈多，此紙牌傳入歐洲之實況也。

以上所言，均屬揣測之詞。吾人所可確知者，卽蒙古時代以前，中國人已盛行葉子戲。至元代，此物始輸入歐洲，不久且有就地刻印之事。歐洲最早雕板印刷物之一種，紙牌居其一焉。十五世紀初年，威尼斯及德國南部，刻印紙牌之業，皆極盛。吾人雖不敢明言紙牌自中國輸入歐洲時，攜有雕板印刷術與之俱；而紙牌之傳播，要之對於雕板印刷術之傳播，實具有絕大之影響，可斷言也。

第二十章　論紡織物之印刷

歐洲雕板印刷之發展，其原因甚多。上章所言，均係東方之影響，本章所言紡織物之印刷，則與東方關係較少。

人類使用紡織品，多喜其有花樣，因此紡織品印花，不得不求省力之法。於是有製爲木板，以染印花樣者，此項紡織品，遂有印花布印花綢之稱；雕板印術，此爲權輿。

紡織品印花，種類固多，而棉織品印花，實最令人滿意。印度及近東，對於棉織品染色，行之頗有成效。印度爲棉業國，故關於染色印花之方法，早有研究。今日吾人所保存之最早印度印花布，其技術殊甚精緻。

印度埃及諸地印刷紡織品，與十字軍末年之歐洲印刷紡織品，頗多不同之處。東方之印花織品，花樣繁多，複雜殊甚。歐洲人初印紡織物，祇知於雕板上，塗以顏料，略加油脂蛋白質等等，故染印不能入骨。東方人能令染料入骨，其法有二：或用防染劑，或用助染劑。防染劑如蠟膏等等，不受染料之反應，故染印時花紋皆作白色，然後以紡織品浸於染料桶中，卽可染印。助染劑能與染料合作，而令其不褪色；紡織品上之花紋，如塗有助染劑，則入染時，祇有花紋受色，其餘部份雖沾染顏料，一經洗濯，便卽褪去。

第三種染印法，名爲陰陽板。日本發明之最早，中亞亦有行之者。其法先以紡織品，置於兩種木板之間，而以虎頭鉗夾之。此兩種木板，一爲雕花之木板，置於上面，一爲無花之木板，置於下面。雕花板之背上有小孔若干，灌以染料，令其透入所雕之空罅中；紡織物受染之後，則板上之花紋，均能印出。此法無論用直接染印法或間接染印法，（用防染劑及或助染劑）均可適用。

觀於羅馬作家普林尼(Pliny)之作品，似乎在羅馬時代，埃及已有防染劑之染印法。然以今日所存古代紡織品觀之，則紡織物之印刷，最早當爲第六世紀，其地點爲埃及，紡織品則爲棉製，亦係用防染劑印成，其雕板今日猶有存者。（見福勒 R. Forrer 所著紡織品之印刷術。）歐洲最早紡織品，其上印有花紋者爲法國阿爾（Arles）地方聖愷撒墓中之遺物；此人於五〇二年至五四三年，在阿爾爲主教。日耳曼刻德林堡城（Quedlinburg）所發現之印花紡織品，則屬之於第七世紀，其技藝已較爲進步，共有三色；三色之中一爲金色，自其材料及花樣觀之，皆帶有東方色彩，爲近東所輸入者也。

最早之印花紡織品，實來自日本。奈良宮殿所發現之印花綢，皆爲奈良時代之物（七一二年至七七〇年）其中有兩種，印有奈良時代字樣，一爲七三四年，一爲七四〇年。此項紡織品，印有年代字樣，實爲世界雕板印刷之最早者，以之與日本最早雕板書籍比較，亦略早若干年，其花樣爲花草、楊柳、蝴蝶、山鷄、小鳥等等。（參用朝倉龜三日本古刻書史。）

中國最早之紡織物印刷，較日本西歐埃及爲晚。敦煌千佛洞中，所發現之印花織物甚多，均屬於十世紀中之物，其時紡織業之興盛，可以想見。日本紡印事業，或借助於中國，固未可知。吐魯番地方亦發現古代印花織物甚多，惟年代殊難考證；其染印之法，與敦煌同，太率採用陰陽板與間接染印之法。

印刷之紡織品，散佈於西歐、埃及、中國、日本諸地方，其時代大率從同。究竟於何地起源，今殊不能斷定；要之東西貿易不絕之時，此項紡織品，殆居重要地位，自無疑義。

歐洲紡織品之印刷，至十三十四世紀，始有進步；其初技術簡陋，遠遜東方。據十四世紀意大利畫家析寧泥(Cennino Cennini)所言，係用雕板直接染印，其法與日本相似，用陰陽板染印，以人力壓出花紋於紡織品上，至十字軍末期，此法始傳播於西歐。十二十三世紀，來因河流城，卽有仿製之者。至十四世紀之中，卽雕板印刷萌芽時期，此項事業始大盛，出品之數量增加，出品之地域擴充，卽花樣亦能翻新，爲前此所不及。

染印進步之後，紙上雕板印刷，亦日漸發展，因此紡織物爲人所注重者，不恃乎其質料，而恃乎染印之花樣；久之，則此項花樣之影印，亦引起世人之注意，所謂圖案畫是也。圖案畫與繡貨圖案相似，今存者，皆十四世紀末年十五世紀初年之物，已與紙上之印刷品無大差異。此項圖案畫，爲雕板印刷導之先路，蓋無可疑，無論亞歐，其情形罔不如此，其在歐洲，則兩者之相互關係，固已爲世人所公認矣。

然紡織物印刷與紙張印刷，其間有一不同之點，不可不知。此不同之點，非質料上之不同，乃用意之各別。蓋紡織物之染印，其宗旨在裝飾；最初雕板印刷，印於紙上者，其用意乃爲敬神傳教。二者不同之點在此。此無論日本、中國、中亞、埃及、歐洲，固無不如是。最早雕板印刷，無論爲圖畫，爲文字，其具有宗教性質則同；至亞歐紡織品之染印，除上文所述外，皆與宗教性質無關。

紡織物之染印，爲歐洲雕板印刷淵源所自，然尚有其他原因，在十四世紀中，具有絕大勢力，能促進雕板印刷之成功，其詳當於下章述之。

第二十一章　歐洲之雕板印刷

十四世紀，爲近世之萌芽時代，生活方面煥然一新；綽塞（Chancer）之詩，歌詠英國人士之新生活，但丁（Dante）之詩，歌詠意國人士之新生活。歐洲人從事於宗教事業者，多樹立奇勛。佛羅稜薩與佛蘭德斯（Flanders）兩地，藝術復興，雲蒸霞蔚，盛極一時。在宗教方面，其初有聖芳濟初期信徒之純潔操行，其後有威克里夫（Wiclif）、薩服那洛拉（Savonorola）及胡司（Huss）之宗教改革事業，舊時教會事業，僅屈居於亞威農（Avignon）地方，其他各地，無不有宗教改革之精神也。

十字軍時代，歐洲人士，旅行東方，見聞日廣，始有接受新事物之可能。歐洲人既有此項動機，遂能創造新事物，以爲己用，並不以摹仿爲能事。此項運動，實具有平民性。綽塞但丁之詩，不用拉丁文，而用其本國人民所用之文字。威尼斯、佛羅稜薩、努連堡及法蘭得斯諸城鎮，相繼反抗封建社會，而自謀獨立，其人民在此覺悟時代中，各謀其新生活，而雕板印刷，於焉發生。最初產生之年代地方及情形，固無人得悉，而淵源所自，則仍推紙牌與造象摹印。紙牌前已述及，今將論及造象之摹印。

Der Form schneider.
Ich bin ein Formen schneider gut/
Als was man mir für reissen thut/
Mit der federn auff ein form bret
Das schneid ich denn mit meim geret/
Wenn mans deñ druckt so find sich scharff
Die Bildnuß/wie sie der entwarff/
Die steht/denn druckt auff dem pappyr/
Künstlich denn auß zustreichen schier.
Der

早期歐洲匠人刻製雕板之情形。採自 Jost Amman (1558) 之木刻。

Schreib und Buchwesen

聖克利斯多福造象，其年代爲一四二三年。古代造象遺存至今者，無慮數百幅，然有年代者，則此幅爲最早。歐洲雕板印刷最早時代，則爲十四世紀之末年，造象多在日耳曼南部寺院中尋出。威尼斯及法蘭德斯諸地，亦多有之。至谷騰堡時代，此項造象摹印，已廣播於中歐。

造象摹印，大率爲宗教性質，其圖案率取自聖經及聖徒故事。原畫僅描摹輪廓，著色則以人工爲之，或用鏤花模板摹印，印工甚爲草率，其爲用與東方符咒正同，蓋以給一班人民不易取得此項物事者；如聖克利多福造象，其下且綴以文字曰：『無論何日，凡得見聖克利斯多福象者，其日卽可無災。』

造象摹印，演變而爲雕板印刷，其間經過詳情，無從得悉。最早之造象，其下不繫以文字，稍後始兼有文字，久之始黏置書中，而加以解釋，最後始有有圖有字之書籍，圖佔一葉，書佔一葉，兩葉折成一葉，裏面爲空白之頁，有如中國書籍然。最早之雕板書當推谷騰堡之書。雕板印刷與活字印刷，在十六世紀初年以前，固並行不悖，雕板書之無年代者，比活字印刷之書較早若干年，據大英百科全書研究，發明活字印刷之人，卽最初雕板印刷之人也。

雕板印刷，爲活字印刷之先驅，衆無異詞。惟雕板印刷，何以能在十四世紀之末年演變甚速，其原因有四：（一）理智生活之衝動，因而有印刷上之需要；（二）價廉物美之紙張，輸入歐洲後，流行甚廣；(三)刻印與紡織品之染印，甚爲流行，以致印刷術功用易於爲人了解，爲人學習；(四)外來之動機，能使印刷術之技藝更進一步，爲適當之去取。

無論如何，十字軍與東方之接觸，在歐洲印刷史中實佔據重要部份。歐洲在黑暗時代中，理智生活，毫無可言，一旦遇東方之文化，坦然接收，影響至巨。於是東羅馬帝國回教國及東方所保存之古代希臘文化，如潮如泉，奔騰澎湃而入歐洲，令人如夢初醒，感覺新生活之必要，此印刷術發展之重大原因也。

同時遠東方面，在十四世紀中，尙有其他事物，如火藥與黑死病等，亦能影響歐洲人士之生活。同時地中海中沿岸人民，試驗指南針之爲用，以便發現新航線，亦甚栗六，然較諸以上事物尤重要者，則爲製紙之進步。十四世紀初年，大馬色及西班牙兩地，亦有紙張輸出，意大利地方，有紙廠一二家，然均出品無多，銷行不廣。十四世紀末年，意大利、法蘭西、西班牙及日耳曼南部，無不製紙，除富人尙喜用羊皮紙外，其他人士無不用紙。紙之進展，予印刷術以不少刺戟，蓋羊皮爲紙價值昂貴，實阻礙印刷之推進。谷騰堡初次印行之聖經，係用羊皮紙印成，每本需羊三百隻，設當時無廉價之紙張，則印刷術之進步，亦將告中止矣。

此外尚有他種原因，足以促進歐洲雕板印刷之成功，玆彙述如下：古代埃及巴比倫，已知用木板在磚上打印；羅馬人鑄幣，亦使用印模此外用蠟刻印用銅模在奴隸牲口上烙字行之已久；至中世紀中，又有紡織物之印刷，再進一步，則爲雕刻書籍，固甚易易。

歐洲理智生活活動之後，對於印刷術之需要，日有增加。中國方面，供給印刷之材料，紡織印刷等事業，供給印刷上之技巧，衆擎易舉，彰彰甚明。然最後之動機，仍宜歸之於中國也。

何以言之？東西之交通，此時方稱極盛。十四世紀初年，中亞陸路通商，及歐洲往中國之海路，皆毫無阻滯。約翰教士及其同人，在中國傳教譯經，孜孜不倦。波斯之塔布里士城，爲國際人士麕集之所，拉希德愛丁著書，敍述中國印刷之事，卽在此城。俄羅斯受蒙古人之管轄，亦爲東西通商要道與波斯相頡頏。此時蒙古人勢力，正由太平洋以達倭爾加河（Volga）地域，而歐洲雕板印刷術，亦正於此時萌芽也。

吾人一考當時印刷所用之材料及其技術，則知東西交通，實有功於歐洲印刷之發展。卽以用墨而論，當時染印紡織品者，多用鮮明之色，而用紙（紙之本身，卽爲中國材料，）印刷者，所用之墨，爲煙炱及膠水所溶成，完全與中國墨無異。用油爲溶墨之資料，乃谷騰堡印刷成功之一因素，此法發明於高麗，在谷騰堡時代以前若干年，歐亞均未有此種發現也。此外歐洲雕板印刷之法，亦與中國無殊，先以一手蘸墨，俾木板中之陽文字畫，皆得沾染墨跡，然後另以一手鋪紙於其上，用刷刷之，當時無所謂壓印機，亦不用陰陽板夾印，印時僅印於紙之一面，與中國法相同。彩印之法，或用手，或用鏤花板，與中亞地方印行佛象之法亦相似。

至於當時所印題材，則祇有一種，卽教會中之造象是也。紡織品之染印，其所用圖案，多爲幾何形，動物形，及紋章形。用紙印刷者，則多爲宗教圖畫，其中多爲聖徒之象，使平民得此可以獲福，其用意與埃及之護身符，中亞之佛象極相似，故當時需要之者極多。

此種印刷，不久便演變爲書籍之印刷，歐洲及中國情形，罔不如是。惟歐洲文字，係字母文字，不利於雕板印刷，不久卽行絕迹，而以活字印刷代之。但歐洲所受之影響，與中國同，印刷發明之後，書籍流通，教育發達，與前此逈然不同。

東西交通恢復之後，吾人參考初期之印刷品，如紙牌，如造象，皆有其連帶之關係。無論在歐洲，在中國，其情形無不如是。最有力之證據，當推佐維斯之言（見本書第十六章）然究嫌證據過少；不過以東西交通之盛觀之，東西印刷術之發展絕非各自爲政，而中國造紙，與雕板印刷，對於歐洲有絕大之影響，更可斷言也。

第四編　論活字印刷

第二十二章　中國之活字印刷

唐代（六一八——九〇七年）文化煥發，有如英國依利薩伯時代，至宋代（九六〇——一二八〇年）則潤色裁成，注重統系，有如英之維多利亞時代。要之宋代學者，具有近代之心理，斯其所以爲可貴。宋人編史，具有進化觀念，爲當時歐洲人士所無有，至王安石之社會財政改革，則又具有馬克思之精神，要之宋代政治紊亂，財政崩潰，然其科學與哲學，固能邁進不已。

宋代印刷，最爲發達，文化昌明，亦基於是。馮道刊印九經，（九五三年）距宋興僅七年，故宋室推行印刷，不遺餘力，而設法改良印刷術，亦爲自然之趨勢。

當時改良印刷之法甚多，其中一法，卽爲不用木板而用銅板。銅板刻字，仍用陽文，與木板無殊，故印出之書，與木板無異。當時應用至若何程度，此時無從查考，惟見於載籍者如次：

以銅板印書，五代已有之。宋岳珂九經三傳沿革例，有晉天福銅板云云。又宋明道三年，發內府金，收換會子，收銅板勿造。知當時印紙幣，亦用銅板也。（辭源銅板條。）

嘗見骨董肆古銅方二三寸，刻選詩或杜詩韓文二三句，字形反，不知何用。識者曰：此名書範，宋太宗初年，頒行天下刻書之式。（中國雕板源流考引蔡澄雞窗叢話）

印刷中最重要之改良，莫如宋代之活字印刷術，其詳見於宋沈括夢溪筆談，為此項論題之權威。今錄之於左：

『板印書籍，唐人尚未盛行之，為之自馮瀛王，始印五經，自後典籍皆為板本。慶曆中（一〇四一——一〇四九年）有布衣畢昇為活板，其法用膠泥刻字，薄如線脣，每字為一印，火燒令堅，先設一鐵板，其上以松脂臘和紙灰之類冒之。欲印則以一鐵範置鐵板上，乃密布字印，滿鐵範為一板，持就火煬之，藥稍鎔，則以一平面按其面，則字平如砥。若止印一二本，未為簡易，若印數十百千本，則極為神速。常作二鐵板，一板印刷，一板已自布字，此印者纔畢，則第二板已具，更互用之，瞬息可就。每一字皆有數印，如之也等字，每字有二十餘印，以備一板內有重複者；不用則以紙帖之，每韻爲一帖，木格貯之。有奇字素無備者，旋刻之以草火燒，瞬息可成。不以木爲之者，文理有疎密，沾水則高下不平，兼與藥相黏不可取，不若燔土，用訖再火令藥鎔，以手拂之，其印自落，殊不沾汚。昇死，其印爲予羣從所得，至今寶藏。』

沈括生於一〇三〇年，卒於一〇九三年，（宋仁宗天聖八年至宋哲宗元祐八年。）畢昇造活字板之時，彼方十餘歲，其所著夢溪筆談，上至天象下至指南針、活字板無所不談，其所言皆確切可恃，譽重藝林。如依照初版夢溪筆談所言，則沈括固爲畢昇之友人，畢昇之活字，且爲彼或其友人所保存也。（朝倉龜三日本古刻書史引用高麗版陳簡齋詩注序，謂活字印刷術，至楊惟中始告大成，朝倉龜三又引右文古事，謂楊惟中名楊克。）

元仁宗延祐元年，（一三一四年）王楨著農書，書末論活字印書法（見武英殿聚珍板書）最詳，今錄如後：

『古時書皆寫本，學者艱於傳錄，故人以藏書爲貴。五代唐明宗長興二年，宰相馮道李愚，請令判國子監田敏校正九經，刻板印賣，朝廷從之，鋟梓之法，其本於此。因是天下書籍遂廣，然而板木工匠，所費甚多，至有一書字板，功力不及，數載難成，雖有可傳之書，人皆憚其工費，不能

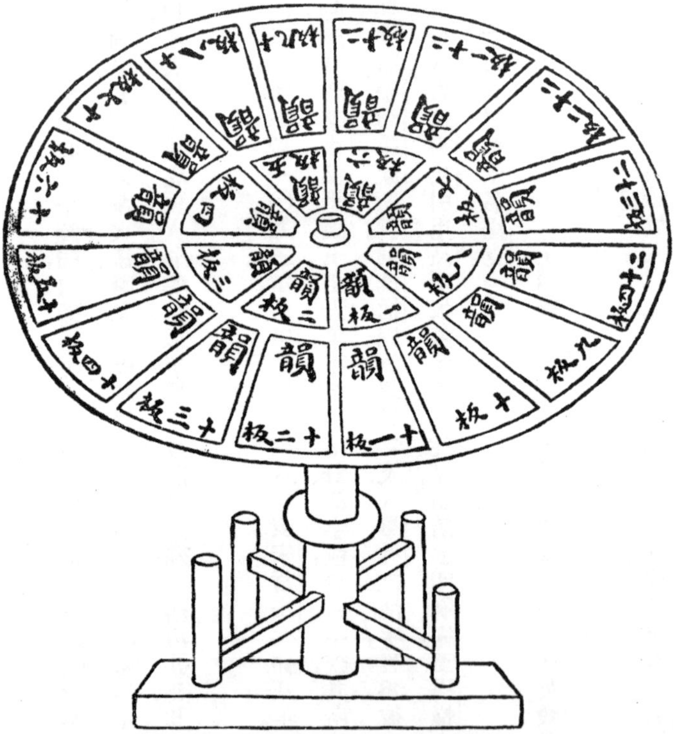

庋藏活字之轉輪

一三一四年王楨所述之排字法。此圖錄自乾隆時所刻農書，是否為其後所編入，已不可知。惟為王楨所計劃，似無可疑。

印造傳播。後世有人，別生巧技，以鐵爲印盔界行，用稀瀝青澆滿冷定，取平火上，再行煨化，以燒熟瓦字，排於行內，作活字印板。爲其不便，又以泥爲盔界行內，用薄泥將燒熟瓦字排之，再入窰內燒爲一段，亦可爲活字板印之。近世又鑄錫作字，以鐵條貫之作行，嵌於盔內介行印書。但上項字樣，難於使墨，率多印壞，所以不能久行。今又有巧便之法，造板墨作印盔，削竹片爲行，雕板木爲字，用小細鋸鏤開，各作一字，用小刀四面修之，比試大小高低一同，然後排字作行，削成竹片夾之。盔字既滿，用木屑屑之使堅牢，字皆不動，然後用墨刷印之。寫韻刻字法：先照監韻內可用字數，分爲上下平上去入五聲，各分韻頭，校勘字樣，抄寫完備，作書人取活字樣，製大小寫出各門字樣，糊於板上，命工刊刻，稍留界路，以憑鋸截。又有語助詞之乎者也字及數目字，並尋常所用字樣，各分爲一門，多刻字數，約三萬餘字。寫畢，一如前法。鏤字修字法：將刻訖板木上字樣，用細齒小鋸，每字四方鏤下，盛於筐筥器內。每字令人用小裁刀修理整齊，先立準則，於準則內試大小高低一同，然後另貯別器。作盔嵌字法：於元寫監韻各門字數，嵌於木盔內，用竹片行行夾住。擺滿用木□輕掮之，排於輪上。依前分作五韻，用大字標記。造輪法：用輕木造爲大輪，其輪盤徑可七尺，輪軸高可三尺許，用大木砧鑿竅，上作橫架，中貫輪軸，下有鑽臼立轉輪盤，以圓竹笆鋪之；上置活字板面，各依號數，上下相次鋪擺。凡置輪兩面，一輪置監韻板面，一輪置雜字板面，一人中坐，左右俱可推轉摘字。蓋以人尋字則難，以字就人則易，以此轉輪之法，不勞力而坐致字數，取訖又可鋪還韻內，兩得便也。取字法：將元寫監韻另寫一冊，編成字號，每面各行各字，俱計號數，與輪上門類相同。一人執韻依號數喝字，一人於輪上元布輪字板內，取摘字嵌於所印書板盔內。如有字韻內別無，隨手令刊匠添補，疾得完備。作盔安字印刷法：用平直乾板一片，量書面大小，四圍作欄；右邊空，候擺滿盔面，右邊安置界欄，以木掮掮之。界行內字樣，須要個個修理平正。先用刀削下諸樣小竹片，以別器盛貯；如有低邪，隨字形襯䕲掮之，至字體平穩，然後印刷之。又以棕刷順界行竪直刷之，不可横刷。印紙亦用棕刷順界行刷之。此用活字板之完法也。前任宣州旌德縣縣尹時，方撰農書，因字數甚多，難於刊印，故用己意命匠創活字，二年而工畢。試印本縣志書，得計六萬餘字，不一月而百部齊成，一如刊板，始知其可用。後二年，余遷任信州永豐縣，挈而之官。是時農書方成，欲以活字嵌印。今知江西，現行命工刊板，故且收貯，以待別用。然古今此法未見所傳，故編錄於此，以待世之好事者，爲印書省便之法，傳於永久；本爲農書而作，因附於後。』

也。

王楨敍鑄字排字之法，蓋在一三一四年，時元人勢力正盛，距馬可波羅返國之期，尚後二十年印刷術至此，可謂漸有近代化之趨勢，惟其間尚有應須改良者甚多。王楨之法，借重兩事：一須活字大小高低相同，然後排置於一定之板內，始可適用；二須依韻編號，及其他種種機械方法，取字時始稱便利。二者均能造福於印刷史，不言可喻。惟以之與谷騰堡方法相較，則尚少三事：一爲鑄字模，二爲字母式活字，三爲壓印機。中國高麗，後此亦知使用鑄字模，惟字母活字及壓印機二者，則爲歐洲惟一之發明，東方所未能夢見者也。

有人謂畢昇膠泥作字，及後此鑄錫作字，當時均未能通行。至木刻活字，應用至若何程度，亦無從得悉。總之活字印書，與雕板印書，印就後甚難辨認。天祿琳瑯云：『宋本毛詩唐風內「自」字橫置，可證其爲活字板。』吾人如參校宋元書籍，能遇有錯置之字，或更有所發明。要之木刻活字，較之王楨旋轉活字板，其應用自更普遍也。

伯希和先生在敦煌千佛洞中，拾得木刻活字全副，當爲活字之最早者。伯希和考證，證爲一千

十四世紀初期木製之活字及其摹印

此項木製之活字,係伯希和於千佛洞中發現,約係一三〇〇年時之物 所刻爲回紇文;每一活字代表一字。(高,離紙 2.2 公分;寬 1.3 公分;長,依字之長短,由 1.0 公分至 2.6 公分不等)

Metropolitan Museum New York

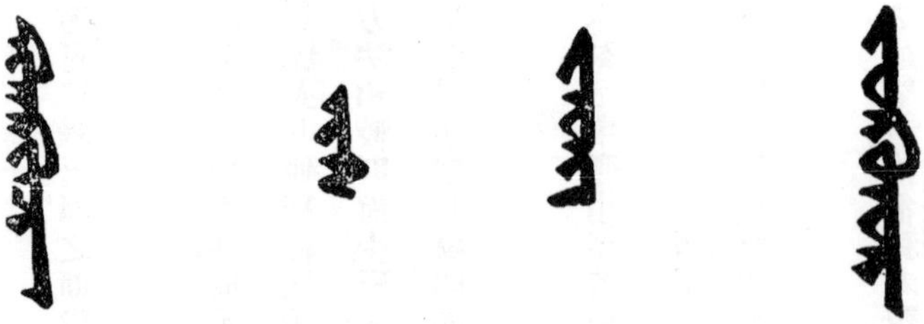

十四世紀初期木製回紇文活字之摹印

Qusman

三百年左右之物，全副共有數百個活字，刻治甚精，皆以硬木爲之；刻刀之鋒利，可以想見。此項活字，其大小高低均一律，與王楨所言頗吻合也。

然王楨之活字，與伯希和教授所發現之活字，有一大不同之點。前者爲中國字，後者爲畏吾兒字。畏吾兒文，來自阿剌米亞文，爲字母文字；其使用活字時，應採用字母體，不應採用草字體，以致笨重一如漢文活字。敦煌所發現之畏吾兒活字，皆爲草字。或者後來畏吾兒文活字，亦有字母體，今不可得悉矣。敦煌所發現之畏吾兒活字，因此長短不能一致。總之敦煌此項發現，足以證明活字印刷術，當日在中亞亦甚流行。至活字印刷術東漸時，至高麗始有大進展，其詳當於次章論述之。

第二十三章 活字印刷術在高麗之發達

成吉思汗未逝世以前，高麗卽受蒙古人之統制，惟元人亦採羈縻政策，不甚干涉其內政，舊日國王，僅由蒙古人加給封號，尙多自主之權。忽必烈時代，高麗國王喜常年居燕京；高麗向來沐浴於中國文化之中，在元朝時代與中國之關係，更爲密切。一三一四年，高麗自南京移置一萬餘本書籍至其都城，忽必烈復加贈四千餘本；因此高麗與中亞各國，亦有交通。今日高麗寺院中，多有梵文及藏文書籍，皆元時物也。

元末明初，爲高麗政治惡化時期。國王安居燕京，恣情聲色。元代滅亡，復徘徊不知所措，國內則充滿日本海盜。一三九二年（明太祖洪武二十五年）其名將李成桂，廢棄舊君，自立爲國王。從此代有賢君，郅治亙百餘年不絕，國富兵強，文治日盛：因此印刷術亦邁進靡已，而有銅活字之使用。

一三九二年，爲李氏統治高麗之第一年，亦卽活字廠成立之年。據高麗史百官志所云：『是年設立印書局，專管理鑄字印刷之事。』至於使用銅字，有人謂在一二三二年至一二四一年之間。大英博物院所藏高麗活字本孔子家語（有人謂非活字本）則爲一三一七年及一三二四年之印刷物，或係翻印古書，而仍以往日年代繫之，亦未可知。總之高麗活字印刷，要以一三九二年設立印書局之年爲最早，此項印書局，實際印書，始於一四〇三年。

東方之雕板印刷，與西方相似，其淵源不可詳悉。至銅活字之發明，一時人士，無不驚爲奇構。史書頌贊及私人作序，皆諛揚國王不置。

印書局事業，至一四〇三年始稱盛。此時李太宗嗣位，已有二年之久，勵精圖治，爲高麗從來未有之英主。以當時印行書籍過少，詔令設立鑄字局，所需之銅，悉由政府供給。

高麗活字板孫子十一家註序，謂此書印於一四〇九年，其序中有言曰：『永樂元年（卽李太宗卽位之三年）國王昭告羣臣，以爲治國之人，必先精研經籍，然後修己治人，人民始得安居樂業。吾國僻處海東，中國書籍來者甚少。書籍浩繁，雕板印行，終嫌不便，今令國中製造銅體活字，以便印行書籍，藉廣流傳。一切費用，悉由朕及羣臣捐助，無令人民負擔云云。李太宗遂撥發私庫，派遣官員，從事於此，復取出內府所藏詩經、書經、左傳，以供摹印。是年九月鑄字，不久遂鑄成數萬銅字，印行書籍無算，其影響文治，深且遠矣！』此序作於是年之十一月，其後翻印此書時，此序原文，仍絲毫未改。

十五世紀末年，高麗活字板陳簡齋詩集序云：『活字印刷，始於沈括，（此係畢昇之誤，）而成於楊惟中。今日新舊各書，皆可用活字印刷，為用殊廣。惟昔時活字，以膠泥製成，不耐久用。數百年後，始知用銅製造，以垂永久，而本朝實能樹之風聲。恭定王（即李太宗一四〇一——一四一九年）首為之倡，莊獻王（一四一九——一四五一年）惠莊王（一四五六——一四六九年）踵行於後，而後活字印刷，始臻盡善盡美之領域。吾國自箕子以來，素以文治稱盛，惟以與中國遠隔，書籍缺乏。幸本朝聖主，

高麗之早期銅體活字

不知其時代，惟仍保存十五世紀初期之字體式樣。

（原物大小）Amer can Museum of Natu al History

推行活字印刷之術，俾經史子集之書，家置一編，常時瀏覽，猗歟盛哉！』觀此，則活字印刷術之創自中國，盛於高麗，亦可見矣。

銅活字之鑄造，嗣後復精益求精，自一四〇三年至一五四四年之間，上諭十一道，皆申述鑄字之事，國內善書者，均爲活字體繕寫底樣。中國古代楷書，亦行摹印，其後銅質缺乏，至鎔化大鐘銅瓶以爲之，其推行不遺餘力，可以概見。

第二次鑄字，爲一四二〇年。一四三七年所印歷代將鑑博議序中，曾述及此事。其言曰：『鑄字印書，傳之後代，其爲利益，何可勝言？其始，鑄字藝術，尚未盡善，手民苦之。永樂十八年十一月（一四二〇年）聖旨命李藏爲印鑄局副局長，派多人董其事。七月之間，造成小活字全副，精細無倫，每日可刊印二十張。前恭定王（一四〇一——一四一九年）既創其基，今上復踵其業，故能有此盛事。從此無不印之書，無不讀之人。文教日昌，道德日廣，邁漢軼唐，誠我國家無疆之鴻庥也！』（譯者按：書林淸話卷八云：活字版之制，流入外藩最早者，莫如朝鮮、日本，而尤以日本爲最精。以予考之，其盛行已在明初。永樂庚子冬（一四二〇年）朝鮮國王命造銅字活板，又命新鑄造大樣銅字，印行十八史略。」

上項小活字仍不便用，一四三四年，又造較大之活字全副。歷代將鑑博議第二序又云：『明宣宗九年七月（一四三四年）今上面諭李藏曰：卿所造活字，誠爲精美，惟字小不便讀，宜造較大字體。二月之後，造字二十萬枚。重陽節日卽以之排印，每日可印四十餘葉，功力亦省卻一半，此誠吾國家之瓌寶矣。』此三種活字造成於一四〇三年，一四二〇年，及一四三四年，皆在歐洲發明印刷以前。嗣後復迭有鼓鑄，至一四八四年更有大規模之活字全副鑄成。每次活字造成，必有大批書籍行世。一八八二年，佐藤爵士在日本兩圖書館中，見有此項書籍三十七册，皆高麗早年印刷之書，其年代爲一四〇九年一四三四年一四三七年等等。其他書籍，散見於高麗日本圖書館中尚多也。（見佐藤所著日本初年印刷史一文。）

高麗與畏吾兒同，採用字母文字，惟半途而廢，殊可惋惜。高麗文言本用漢字，至元代與中亞各邦接近，始知採用字母文字。其時梵文及藏文書籍，流入高麗寺院者至多，國人喜習外國語。莊獻王（一四一九——一四五〇年）繼承太宗，雅好儒術，遂根據梵文，採用注音字母法。現存之注音字母體活字板，祇有一種，其年代爲一四三四年。惟雙行排印，甚形複雜，一行爲漢文，一行爲高麗文，則注音字母也。每一活字，有漢文，又有高麗注音字母，而不知以字母單獨造成活字，其情形與畏吾兒文正同。

高麗銅活字板，大率爲欽定本；封面一葉，字體甚大；序文爲本人親筆書，故用雕板製成；封面葉上，往往書明爲活字板；書中字體，皆與宋板相同，故年代之早遲，非俟標明，不能斷定。高麗早年所印之書，大抵爲經史倫理書籍，佛教書則絕無。

德溫（De Vinne）在所著印刷發明史一書中，有言曰：『發明印刷術之人，既非發明造紙之人，亦非初次印書之人；恐亦非發明活字之人。其人不過發明鑄字模，對於印刷術，有實際之功用，如斯而已。』高麗能發明鑄字模，其在印刷史上之重要，即繫於此。惟高麗鑄字模，與歐洲之鑄字模，有一不同之點。歐洲鑄字模所鑄成之活字，大小一律，故排印時，易於安置一處。高麗活字，大小不一律，故排印時，必須以蠟或篾捆置一處。其活字中空罅，甚至須用鐵片置其中，以求緊密。一四九五年至一五〇七年之間，高麗作家宋興（譯音）有言：『先用櫸木刻字，後以盤盛沙，而以木刻字，倒置其中，壓成陰文字形此卽鑄字之模也。鑄字時，用鎔好之銅灌其內，俟其冷而字卽成。如有字體不正，則用銼刀銼之。每行活字以篾束緊之，使之絲毫不走動，最初用蠟板排字，其後始用篾板排字。」

漢城博物館中，藏有活字甚多。據日本學者研究，皆十五世紀初年之物。來比錫及紐約博物院中，亦有此物，其年代大致相同。紐約博物院中之高麗活字，係以銅製成，製造甚劣，字體一公分對方，高半公分，其背有槽溝，殆爲排字時束緊之用。活字之邊，甚形粗糙，大概鑄字模爲沙盤，而原底樣之字體，則爲木製也。

此項活字先傳至中國，後傳至印度，惟直至歐洲發明活字時，此事始大明於世。日本最早之活字板書籍，其年代爲一五九六年。此後三十三年間活字印書，無論爲銅製，爲木製，皆相繼不絕。欽定板有數百種，均印刷精善，其中有一種爲類書，共二百二十一册。一六二九年以後，直至維新以前，活字板絕迹，印行書籍，悉使用雕板。

中國以銅活字印書，較日本爲早。十八世紀中，印行不絕。無錫華燧，以銅字印書時爲十五世紀末年。嘉慶年間，無錫安國，亦推行活字印刷。常州一地，曾以銅字錫字刊印書籍。（書林清話卷八，引陸深金台紀聞云：毘陵人，初用鉛字，視板印尤巧妙。）明代用活字板印書甚多。一五二二年至一五六七年之間，印行墨子，一五七二年，印行太平御覽。一五九〇年，澳門地方，採用歐洲活字印書法。一六六二年，清康熙帝，命以活字板印圖書集成共六千册。尚有其他諸書，亦用活字板。某書中所言活字印書情形，與高麗無異。活字底樣，以木刻成，鑄字模則以瓷爲之。一七三六年，因貨幣缺乏，此項銅活字，悉鎔爲制錢。一七七三年，復用木製活字，刊行四庫全書（以上參用朝倉龜三之書。）

高麗活字印刷，行至一五四四年而中止，越二百年，始重鑄活字全部（一七七〇年，）嗣後又造木活字三十萬枚。一七七〇年至一七九七年之間，印行書籍不少。十九世紀中，仍有印行之書。

遠東各國，以鑄字成本甚鉅，故活字印刷，非官家不辦。官家不予支撥公款，則活字印刷，亦行絕迹。此三國文字，既非字母體，故民間印書，仍以雕板印刷，較爲便利，相率使用雕板印刷。十九世紀中，活字印刷，在遠東幾於絕迹。及至歐風東漸，活字印刷，始又欣欣向榮，轉認爲新事物之一種。然字母體活字，至今仍未流行。日本雖有字母五十個，而活字仍爲漢文單字，旁注日本注音字母（片假名）而已。日本印行新聞紙，每家需用鉛字二萬個，故雕板至今猶未絕迹。中國尤甚，有時僅以石印方法代之耳。

總而論之，活字印刷，創自中國之畢昇，此十一世紀事也。元代以木刻字，進步多多。十五世紀，高麗推行之，不遺餘力，宣揚文化，獲益匪輕，而後傳至中國日本，然民間用之絕少。至十九世紀中，復告中止，盛行雕板印書。至最近始採用西方鉛字排印，以替代之。遠東各國之文字，頗不宜於活字印刷，而首先使用活字印刷者，乃爲遠東各國，亦奇談也。

第二十四章　谷騰堡發明印刷之淵源

谷騰堡五百週年紀念之日，德國學者，曾刊行一紀念册。册中敍述谷騰堡個人之家世甚詳，此非本書所宜置意。本章爲中國印刷術源流史之結論故不敍述谷騰堡個人之家世而略述谷騰堡發明印刷術之淵源。

上項紀念册，曾爲谷騰堡個人作一譜系。今吾爲印刷術作一譜系，則不得不溯源於中國。然歐洲一系之重要，固未容忽視。如埃及巴比倫之製磚刻印，後此之紡織物印刷，雕板印刷，銅板雕印，書籍裝訂，皆居極重要地位；惟不在本書範圍之內，故不具論，而另覓一向不爲人所注重之一方面，卽中國印刷之源流是也。

最初嶄然露頭角者，自推蔡倫。蔡倫發明造紙（紀元後一〇五年）與谷騰堡輝映後先。世界發明人固多，而此二大發明家，一發明造紙術，一發明活字排印術，能推進世界文化，其功尤偉。

此後有無名英雄若干人，勵行刻印摹印之法；又有道教徒，以銀硃印行符咒；佛教徒則千方百計，以金屬品及木質印行佛象。傳至日本聖德皇后，遂印行符咒百萬張，以資延壽（紀元後七七〇年。）此後有第一次印書之王玠，印行金剛經手卷，爲其父母布施（紀元後八六八年。）同時儒教中人，則仿行佛道兩教故智，刊印石經，以資摹拓，俾經文傳世，準確無訛。後此裝訂之書籍，大率淵源於此。

然蔡倫後最著名者，終推馮道。其人歷相四代七君，頗有建樹，而印行九經於昏亂之世，尤具卓識。馮道所印之經，亦猶谷騰堡在歐洲印行聖經，影響之巨，俱爲前此所無（紀元後九五三年。）

馮道以後印刷之發展，可分爲二途：一方面爲雕板印刷四百年間，舉凡可以保存之典籍，皆精印行世，因此中國之思想教育，藉此可以推進不少，爲世界他處所罕聞；一方面則爲活字印刷之試用，此不過爲中國印刷之餘技，當時人士，並未予以甚深之注意。畢昇以膠泥製字，時爲一〇五一年至一〇五九年之間，身死而術亦不傳；至王楨刊印農書（一三一四年）始詳述木質活字之法，以行世，以之與敦煌發現之活字比較，殊爲吻合。此後則高麗印行書籍，多用銅質活字，且用模鑄造，開

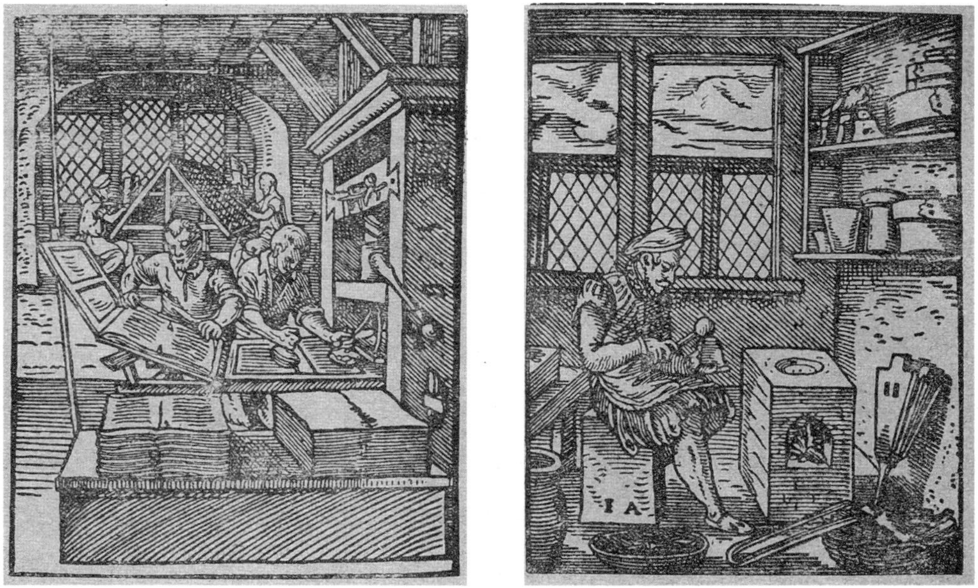

歐　洲　早　年　之　鉛　印　術

採自一五六八年 Jost Amman 之木刻 Schreib und Buchwesen

印刷史上之新紀元。

中國印刷術之淵源，蓋如上述。試以之與歐洲印刷史相提並論，其關係並非直接，卽以馮道畢昇王楨而論，亦僅有間接之關係而已。何以言之？畢昇活字印刷，當時應用不廣，至元代東西交通頻繁之際，其法早已失傳。此時木刻活字，亦有人使用之者，然元亡以後至谷騰堡發明印刷以前，此一百年間其經過情形，究爲何似，殊難推悉。高麗用銅活字印書，適在谷騰堡以前五十年，謂之全無關係，固爲不可；然吾人至今尙不能尋得適當之證據。蓋此五十年間，中西交通，幾於絕迹。此事固不妨以千秋疑案視之矣。

試假定歐洲之印刷，於中國活字印刷無關，然歐洲人所受中國印刷術影響，尙有多端。今縷述如下：（一）造紙之發明，爲中國人所獨具，由回教國家傳至歐陸者，有歷史事蹟可以證明；而造紙之發明，爲印刷術之基礎也。（二）其次則爲葉子戲，由中國傳至歐洲，無論爲直接爲間接，大約在十四世紀之末年。此時歐洲有雕板印刷，繼之而至者，自爲紙牌之印刷，其淵源於中國，殆無異詞。（三）造象之摹印。歐洲最早之雕板印刷物，不外乎宗教式之圖畫，其圖案固爲歐洲式，而內容，宗旨，與印刷

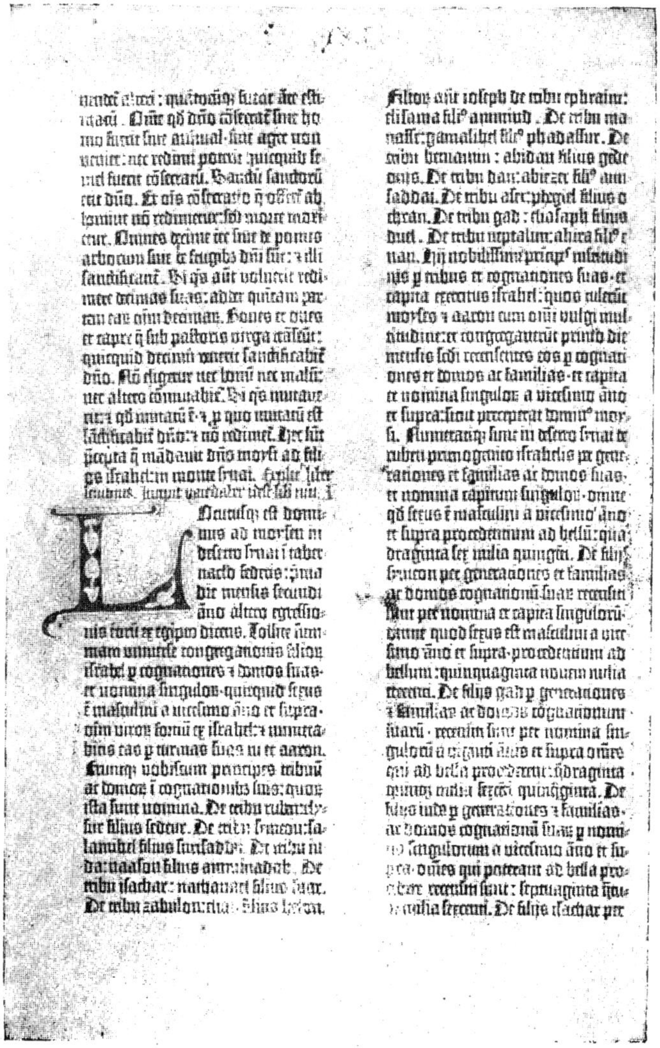

谷騰堡所印四十二行拉丁文聖經之一頁

術，則與中亞之印刷物氣味極近。(四)中國所印書籍之遠播。歐洲人自中國歸者，盛言中國出版物之多，爲當時歐洲所不及。教士尤喜爲此種宣傳。此時歐洲文藝復興，智識活動，聞之自爲之歆動不置，因此不久對於印刷術，卽有重要發明。雖中國印刷，傾向於雕板方面，而歐洲印刷傾向於活字方面，其爲推進文化，固無異致。(五)此外東方人使用活字印刷之法，或曾傳至歐洲，亦屬可能。

總之，關於中國印刷術之西漸問題，吾人可得而言者，卽造紙之術，確由中國傳至西方；至中國雕板印刷之傳至歐洲，亦頗可置信；惟中國高麗活字術，是否能傳至西歐，則至今尙無確切之佐證。

有人謂人類心理相去不遠，故東西印刷術之發展，大致亦屬相同。彼主張東方人心理不可捉摸，中國人心理尤與歐洲人大異者，於此可深長思也。此項主張，較之辯論中國印刷，是否與歐洲印刷有關係者，尤爲重要。其大意可如下述：中國與歐洲使用刻印甚精之印章，均在耶穌紀元以前。紡織物之印刷，係起源於裝飾之心理；中國然，歐洲亦然。東西兩處因宗教衝動，始雕板印刷造象；因娛樂衝動，始雕板印刷紙牌。迨文化昌明，始有規模廣大之印刷，因之書籍繁多，教育稱盛，東西亦無不從同。最後，東西各國始對於活字印刷術，加以精密之硏究，而花樣亦層出不窮。至歐洲之所以盛行活字印刷，與中國之所以盛行雕板印刷者，則由文字本身性質不同之所致。要之在同一環境之下，東西印刷術之發展，蓋無不從同。中西交通之迹，雖有可言，而印刷術之同時發展，則實由人類心理之相同爲之，固彰彰甚明也。

世界發明物中，以印刷術爲最富有國際性質。中國發明造紙之術，又試驗雕板印刷，與活字印刷。至現存之最早雕板印刷物，則存於日本。高麗以銅模鑄活字，得風氣之先。印度以語言宗教，供最初雕板印刷之用。突厥人，傳播雕板印刷於中亞；現存之最早活字，仍爲突厥文。波斯、埃及，爲近東之國家，其雕板印刷，則較早於歐洲。亞剌伯人，傳播中國造紙之法至歐洲，西班牙實爲其中間人。至紙張之輸入歐洲，則由君士坦丁堡諸地。歐洲造紙最早之國家，應推法蘭西與意大利。歐洲知有雕板印刷，俄羅斯自稱最早，意大利自謂亦不後人。當時雕板印刷最盛之國家，爲日耳曼意大利與荷蘭。活字印刷，亦以荷、法、日耳曼居首。至印刷術之完成，日耳曼亦居首功，由日耳曼始傳至其他各國。今日大宗印刷事業，無逾於英、美二國，而英、美二國，對於初時期印刷之發明，貢獻殊少；至近世印刷上之發明物，如高力壓印機，與鑄造排字機，則英、美之貢獻亦多也。

跋

本書譯本係一九三一年改訂本。原書搜討甚勤，議論雅正，出諸異邦人之手筆，彌可珍貴。惜天不假年，作者存年僅四十有三，否則自更有精密之研究，以餉吾人。且作者逝世以後，吾國舊文獻之整理，視前更多進展，亦恨作者未之見也。原文中間有錯誤之處，今照原書頁碼，一一檢舉如左：

第七十二頁第二段，謂宋代都城爲西安，西安應改開封。

第九十二頁『見本書第一章第十二章，』應改作『見本書第一章第十三章。』

第一百七十三頁，『洪定王，』應改作『恭定王。』

第一百七十七頁，『南京』應改『常州。』

第一百九十一頁『見後漢書一八〇頁，』應改作『見後漢書一〇八頁。』

第一百九十五頁，『見抱朴子第十七章，』應改作『見抱朴子內篇卷十七。』

第二百十五頁，『葉夢德』應改作『葉夢得。』
第二百二十頁，『天錄琳瑯，』係『天祿琳瑯』之誤。
又同頁『見留庵五一頁至五二頁，』應改作『見留庵五〇頁至五一頁。』
又同頁尾『十四頁，』應改作『十三頁。』
第二百二十一頁，『見留庵二十二頁，』應改作『見留庵二十頁至二十一頁。』
第二百五十八頁，『毘陵卽南京，』應改作『毘陵卽常州。』

中華民國二十五年七月一日，宣閣譯畢自記。